AF389545

LA SCIENCE
DES TROUS NOIRS

Jean-Pierre Lasota

LA SCIENCE
DES TROUS NOIRS

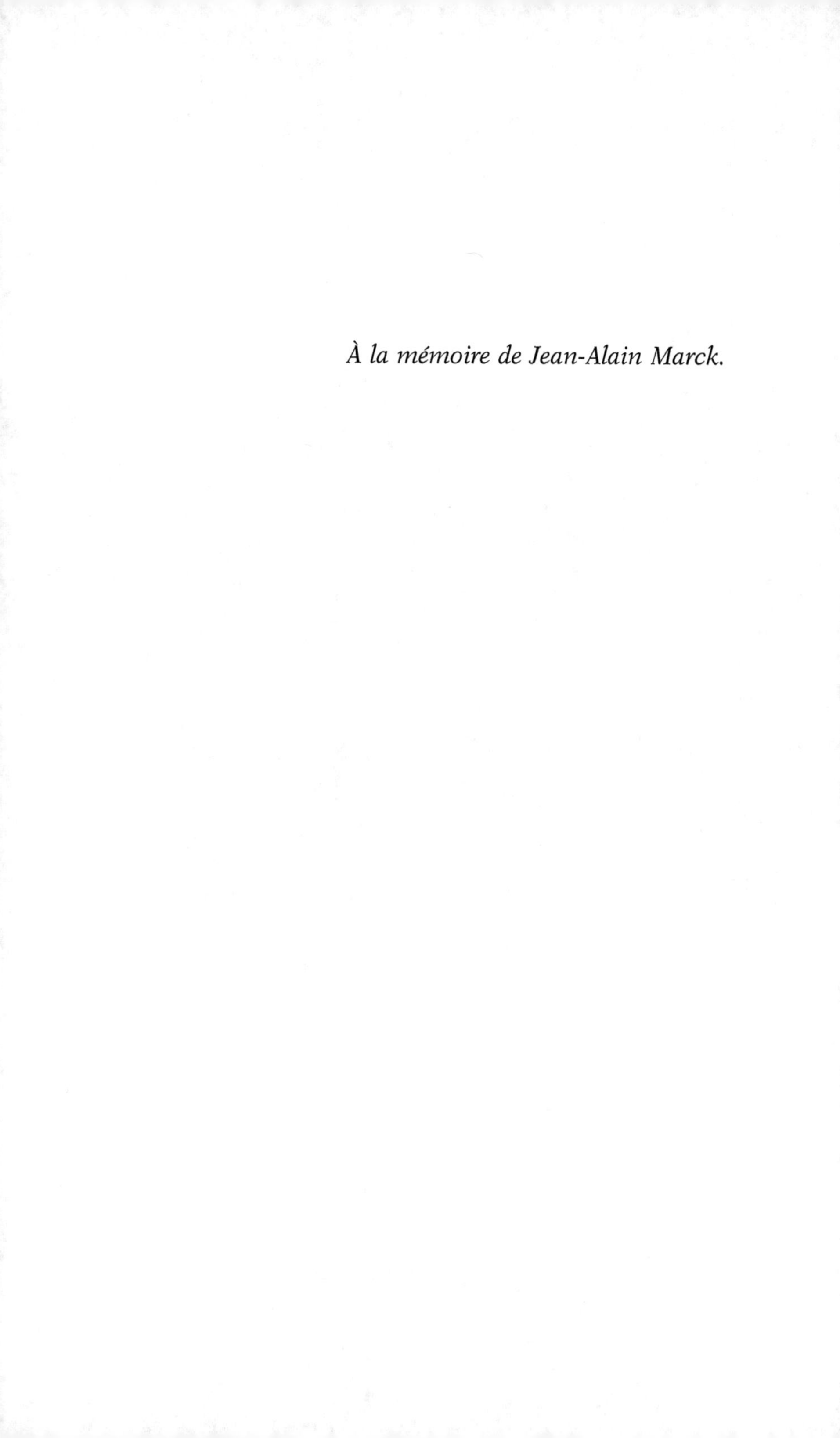

À la mémoire de Jean-Alain Marck.

INTRODUCTION

Ils sont invisibles, et pourtant les trous noirs se montrent presque partout dans notre vie quotidienne. Les médias nous parlent souvent de ceux découverts çà et là ; il parait qu'il y en aurait même un dans le centre de notre Galaxie. On nous dit qu'il s'agit d'objets extrêmes ; on parle – souvent à tort, comme nous allons le voir – de densités extrêmes ; on évoque le mystère des trous noirs. Ces derniers temps, on a essayé de nous faire peur en évoquant de petits monstres de trous noirs qui, créés dans les accélérateurs de particules, menaceraient de nous engouffrer dans un cataclysme apocalyptique. La façon dont on en parle pourrait laisser croire qu'il s'agit uniquement de spéculations ou de rêves de physiciens, plutôt que d'une réalité scientifique. Les petits « monstres » sont les produits de rêves (mais non de physiciens) ; ils n'existent tout simplement pas. Les trous noirs existent bel et bien, eux. Dans ce petit livre, nous allons essayer de convaincre le lecteur que ce sont des objets réels, prédits par une théorie physique rigoureuse, testée avec succès par l'expérience. Et nous allons expliquer où et comment on peut les détecter.

Toutefois, il n'y a pas de voie royale pour comprendre les trous noirs, pas plus qu'il n'y en a pour apprendre la géométrie. Comprendre les trous noirs, c'est comprendre la géométrie. Mais contrairement au cas du roi Ptolémée dans l'anecdote sur Euclide[1], la géométrie à comprendre est non euclidienne, car c'est elle qui incarne la gravitation einsteinienne, dont le trou noir est le produit le plus pur. Évidemment, il n'est pas question de faire ici un cours de relativité. Néanmoins nous voudrions mener le lecteur sur la voie des trous noirs en lui présentant d'une façon simple (parfois, hélas, seulement la plus simple possible) les éléments nécessaires pour comprendre ce que sont ces objets de gravitation pure.

Nous allons procéder par étapes, explorer plusieurs pistes, un peu à la manière d'un roman policier dans lequel on connaît le coupable dès la première page sans savoir si et comment il payera son crime. Mais contrairement à l'auteur d'un roman policier, je n'aurai aucun besoin de brouiller les pistes – elles sont déjà assez embrouillées par la nature du sujet, si lointain des intuitions de notre vie quotidienne.

Une encyclopédie d'astronomie nous dit qu'un trou noir est « [une] région de l'Univers telle que tout ce qui se trouve à l'intérieur ne peut communiquer avec l'extérieur, par quelque moyen que ce soit ». Elle ajoute que cette impossibilité de communication est due à la gravitation qui empêche la sortie de la lumière. Cela paraît plutôt simple, mais on aimerait comprendre, par exemple, comment la gravitation peut empêcher la lumière de sortir. Nous verrons que l'intuition selon laquelle l'attraction de la gravitation *arrêterait* la lumière est fausse. Il nous faudra

---

1. D'après Proclus de Lycie : « On dit qu'un jour Ptolémée demanda à Euclide s'il n'y avait pas de voie plus courte que celle des *Éléments* pour apprendre la géométrie. Et Euclide lui répondit qu'en géométrie il n'y avait point de voie royale. »

emprunter une autre piste, qui nous emmènera dans le monde de la relativité d'Einstein, monde étrange de grandes vitesses et d'accélérations, et de gravitation forte. Ce chemin est nécessaire, puisque le trou noir est l'objet relativiste par excellence.

La gravitation et la lumière seront les deux héroïnes de ce récit. La gravitation est une force universelle, la force – ou plutôt, comme préfèrent dire maintenant les physiciens, l'« interaction » – qui nous retient sur Terre, qui fait tourner la Lune autour de la Terre et ces deux corps autour du Soleil, qui fait tourner les étoiles dans le maelström de la Galaxie et qui contrôle l'expansion de l'Univers. La lumière, de son côté, est universelle par sa vitesse imperturbable, toujours la même par rapport à tout autre mouvement, une constante de la nature. La gravitation gouverne l'espace et le temps, la lumière en tisse les formes. Le trou noir est le résultat le plus pur et le plus spectaculaire de leur enchevêtrement. C'est aussi un objet d'étude pour les astrophysiciens, car en attirant la matière qui se trouve dans son voisinage il est souvent une des sources d'énergie les plus puissantes et les plus spectaculaires de l'Univers.

Je remercie Michel Cassé de m'avoir convaincu et encouragé à écrire ce livre. Sans sa pression amicale, celui-ci n'aurait pas vu le jour. Agnieszka Kołakowska a patiemment corrigé les fautes, critiqué les passages obscurs et, à ma grande surprise, même vérifié l'exactitude des valeurs des paramètres que je cite. Je lui dois une reconnaissance infinie. Séverine Perrier, Jean-Philippe Uzan et Élisabeth Vangioni sont chaleureusement remerciés pour leurs commentaires et suggestions.

Je remercie Odile Jacob d'avoir accueilli ce livre et de sa patience bienveillante.

Enfin, je suis reconnaissant à Jean-Luc Fidel pour son excellent travail éditorial.

Je dédie ce livre à la mémoire de Jean-Alain Marck, homme extraordinaire, ami et grand connaisseur des trous noirs.

CHAPITRE PREMIER

GRAVITATION : ATTRACTION UNIVERSELLE

La gravitation agit sur tout : sur toutes les formes de matière, et donc sur toutes les formes d'énergie car, depuis Albert Einstein, nous savons que les deux sont équivalentes : $E = mc^2$. Cela veut dire que la Terre, qui attire une pomme aussi bien que la Lune, attire aussi la lumière. Cependant, ce dernier effet est relativement faible. Nous voyons bien les pommes tomber des pommiers et la Lune tourner autour de la Terre, mais pour apercevoir l'action de la gravitation terrestre, de la pesanteur, sur les rayons lumineux, il faut se servir d'instruments de mesure très précis. Je dis bien « relativement » faible : après tout, la pesanteur produite par un corps qui attire la Lune ne peut pas être si faible que cela. Il faut donc préciser : « faible » par rapport à quoi ? En ce qui concerne la propagation de la lumière, la réponse est : faible par rapport à la gravitation d'un trou noir, si forte qu'elle emprisonne la lumière. Qu'est-ce donc qui fait la différence entre la gravitation d'une planète comme la Terre, ou d'une étoile comme notre Soleil, et celle d'un trou noir ? Pour essayer de comprendre, commençons par le début de l'histoire : par la découverte du caractère universel de la gravitation. Avant de parler de trous noirs, nous parlerons de pommes.

D'après la légende, Isaac Newton aurait découvert l'universalité de la gravitation « assis dans le verger du manoir paternel », comme nous dit Camille Flammarion dans sa délicieuse *Astronomie populaire*, en observant la chute d'une pomme. Il aurait compris alors que ce qui fait tomber cette pomme est de la même nature que ce qui fait choir la Lune : la gravitation universelle. Mais la Lune tombe-t-elle ? Elle a pourtant l'air de rester bien suspendue à la voûte céleste. *Et pourtant, elle tombe*. Nous allons expliquer le sens des mots « tomber » et « chute » que leur donnent les physiciens.

Dans la plupart des cas, la terminologie de la physique s'inspire de la langue commune, mais souvent le sens des mots empruntés à cette dernière est différent ou plus précis. Parfois, en perte d'imagination, les physiciens emploient un mot d'une façon qui n'a rien à voir avec son acception d'origine, tel la « couleur » ou le « charme » d'une particule élémentaire, mais, dans le cas de « tomber » et de « chute », il s'agit à la fois d'une généralisation et d'une précision.

Chute et libération

Revenons donc dans le verger des Newton, soulevons la pomme et lançons-la le plus loin possible. Si nous avons un minimum d'aptitude pour l'athlétisme, la pomme partira vers le haut, arrivera au sommet de sa trajectoire, puis retombera par terre. Même en confiant le jet à un champion olympique, on arriverait à un résultat semblable : la pomme retomberait peut-être quelques dizaines de mètres plus loin, mais elle retomberait quand même – comme tout autre objet lancé par un être humain. Bien entendu, si on disposait de la force surhumaine de Superman, on pourrait lancer la pomme suffisamment haut pour qu'elle ne retombe plus sur Terre, mais se retrouve sur une trajectoire qui lui permettrait de tourner autour d'elle, sur une orbite... comme la Lune. Nous lançons bien sur orbite des satellites de toutes sortes (événement devenu presque banal, mais qui semble toujours mériter une mention dans les journaux télévisés, surtout quand il s'agit d'un lancement, réussi ou non, par *Ariane*.) Ces satellites (que l'on appelle « artificiels » car il en existe un « naturel » : la Lune) sont l'analogue d'une pomme lancée sur orbite par Superman. Ils ne tombent pas « par terre » parce qu'ils sont trop hauts. Mais ils tombent quand même, puisqu'en physique « tomber » veut dire simplement être en mouvement dans un champ gravitationnel : tous les corps qui ne subissent *que* l'effet de l'attraction gravitationnelle « tombent » ou, autrement dit, sont « en chute libre ». La seule différence avec une pomme, c'est qu'en tombant ils ne rencontrent pas la surface de la Terre.

Nous avons dit que les corps en chute libre ne subissent que la force de la pesanteur. Une pomme qui tombe d'un arbre n'est donc pas vraiment en chute libre : elle subit aussi la force de frottement de l'air. À la longue, les satellites artificiels, eux aussi, retombent (dans le sens usuel du mot) sur Terre à cause du même effet : bien que lancés très haut, ils n'orbitent pas dans le vide, mais se trouvent toujours dans l'atmosphère terrestre (qui s'étend même à ces altitudes-là), où ils subissent eux aussi l'effet de frottement qui les freine. S'ils ne subissaient que l'effet de la gravitation de la Terre, ils seraient en chute libre perpétuelle.

La notion de « chute libre » se réfère donc à un processus idéal. Voilà qui est habituel en physique, car c'est une science qui s'efforce de révéler et de décrire les lois fondamentales qui gouvernent notre Univers. (Certains physiciens ont même l'audace de décrire d'autres univers que le nôtre ! Nous en reparlerons plus tard, quand nous aborderons le problème des entrailles des trous noirs.) Pour trouver ces lois, on idéalise la réalité, en « négligeant » les effets dont on pense qu'ils ne font pas partie du processus étudié. Donc, la chute libre a lieu dans le vide. Parfois, cette notion est très bien adaptée au mouvement étudié, parfois non, tout dépend de la précision des mesures. Car il ne faut pas oublier que la physique est une science expérimentale. Les notions peuvent être idéales, les théories peuvent paraître abstraites, mais elles n'obtiennent leur statut, celui d'une théorie et non d'une hypothèse, qu'après avoir été rigoureusement vérifiées par l'expérience.

Dans notre satellisation imaginaire, j'ai supposé que Superman n'était qu'un superchampion ; il n'amène pas la pomme en orbite, comme il lui arrive de le faire sur l'écran avec des bombes nucléaires ou des jeunes filles ; il reste les pieds sur terre, appliquant l'accélération nécessaire à la mise sur orbite juste au début du mouvement de la pomme, qui, ensuite, n'est soumise qu'à l'action de la pesanteur. En revanche, la fusée *Ariane* monte grâce à l'accélération de ses moteurs, et ce n'est qu'une fois arrivés sur orbite que les satellites qu'elle porte sont relâchés dans l'espace. La première phase du mouvement est donc affectée par d'autres forces que celle de la pesanteur. Dans le cas d'une pomme lancée par Superman, et aussi dans celui du canon de Jules Verne qui envoyait un bolide sur la Lune, l'accélération qui propulse le projectile n'est appliquée qu'au début du mouvement, tandis que pour un satellite lancé par une fusée la phase d'accélération dure plus longtemps. Mais en fin de compte, le résultat est le même : après avoir quitté la main de Superman, le canon ou le dernier étage d'*Ariane*, le projectile ne subit que l'action de la gravitation terrestre. Comme la Lune. Les formes des trajectoires tracées par des corps soumis à la pesanteur, leurs orbites, dépendent de ce que l'on appelle dans le langage des mathématiques les *conditions initiales*, comme la vitesse au moment où la chute libre commence.

Une pomme qui tombe d'un pommier commence sa chute « au repos » : sa vitesse initiale est nulle. Avec une telle vitesse initiale, elle ne risque pas de se mettre en orbite, surtout qu'elle prend la mauvaise direction. Au fait : quelle est la vitesse nécessaire pour échapper à la pesanteur terrestre et partir dans l'espace (en supposant que l'on parte dans la bonne direction) ? La réponse est : 40 284 km/h (kilomètres par heure). Pour le Soleil, cette « vitesse de libération » est de 2 223 720 km/h ; pour les naines blanches – petites étoiles inertes, étapes finales de la vie des étoiles peu massives, dont on reparlera plus tard –, elle est d'environ 26 280 000 km/h. Pour une étoile à neutrons, tout petit reliquat de la vie d'une étoile un peu plus massive que celle qui engendre une naine blanche, il faut une vitesse égale à la moitié de la vitesse de la lumière pour pouvoir se libérer de son attraction gravitationnelle. Enfin, pour quitter la surface d'un trou noir, il faut avoir une vitesse supérieure à celle de la lumière... mais c'est impossible, comme nous le verrons. Donc, il est impossible de sortir d'un trou noir. Même la lumière ne peut le quitter : c'est pour cela qu'il est noir. Vraiment noir, il ne s'agit pas d'une métaphore. Avant de parler des trous noirs, revenons à la vitesse de libération, qui nous permettra plus tard de comprendre leurs propriétés.

La vitesse de libération ne dépend que de la masse et de la dimension du corps, qui est la source de l'attraction gravitationnelle. Le Soleil, une naine blanche et une étoile à neutrons ont à peu près la même masse : d'environ 2×10^{30} kilos (1 suivi par 30 zéros – il faut multiplier un milliard de kilos par un milliard, puis encore deux fois par un milliard et par dix mille pour obtenir 10^{30} kilos), mais leurs rayons sont très différents : 700 000 km pour le Soleil, 5 000 km pour une naine blanche et 10 km pour une étoile à neutrons. Comme on peut le vérifier, la vitesse de libération varie comme l'inverse de la racine carrée du rayon pour des corps de même masse. Autrement dit, pour obtenir, par exemple, la valeur de la vitesse de libération d'une étoile à neutrons à partir de celle du Soleil, il suffit de multiplier cette dernière par la racine carrée du rapport des rayons de ces deux corps célestes (ce rapport est de 70 000 : le Soleil est soixante-dix mille fois plus grand qu'une étoile à neutrons), c'est-à-dire environ 300. Donc, le carré de la vitesse de libération croît quand le rayon de l'objet en question décroît. Plus précisément : le carré de la vitesse de libération est *inversement proportionnel* au rayon. On peut aussi vérifier qu'il est d'autre part *proportionnel* à la masse du corps – source de la gravitation.

Cette relation entre le carré de la vitesse et la masse d'un corps céleste divisée par son rayon reflète une des lois fondamentales de la physique : le principe de conservation de l'énergie. Le mot « énergie » est très à la mode dans la langue courante. On parle d'« économies d'énergie », d'énergies « douces » ou « vertes » et de la « valeur énergétique » des aliments. Cette dernière apporte aussi la connaissance des unités dans lesquelles on mesure la quantité d'énergie : comme la mode veut qu'une femme ne soit belle et attirante que si son squelette peut être admiré sans l'aide de la radiographie, elle doit savoir ce que veulent dire les *kilojoules* (qui ont récemment remplacé les *kilocalories*) qui apparaissent sur les étiquettes de nombreux produits alimentaires. Mais qu'est-ce que l'énergie ?

Pour un physicien, l'énergie est une quantité qui est constante quelles que soient les circonstances – un nombre qu'on attribue à un système physique – ; c'est une quantité « conservée ». Ce nombre peut être exprimé de diverses façons car l'énergie peut avoir plusieurs formes.

Il y a l'énergie thermique (l'énergie d'agitation des particules d'un gaz, par exemple l'air) ; chaque particule du gaz a une énergie de mouvement (dite énergie « cinétique ») ; l'énergie thermique, c'est donc de l'énergie cinétique et c'est la somme des énergies individuelles des particules qui donne l'énergie thermique totale. L'énergie thermique peut être rayonnée, donc on pourrait croire qu'elle est « perdue » ; mais ce n'est pas le cas car on la retrouve dans le rayonnement.

Certaines formes d'énergie sont associées aux forces de liaisons – chimiques pour les molécules, nucléaires pour les noyaux atomiques, gravitationnelles pour les corps massifs – on parle alors d'énergies de liaison. L'énergie dite « solaire » est celle du rayonnement solaire, qui puise son origine dans les réactions thermonucléaires dans le centre du Soleil, lesquelles libèrent l'énergie de liaison des noyaux atomiques. L'énergie solaire est donc d'origine nucléaire.

L'énergie et la gravitation

Revenons maintenant aux vitesses de libération. L'énergie du mouvement, appelée énergie *cinétique*, augmente comme le carré de la vitesse. D'autre part, la valeur de l'énergie gravitationnelle varie comme l'*inverse* de la distance au centre du corps qui produit l'attraction : en diminuant la distance dix fois on obtient une énergie dix fois plus grande. Un objet à la surface de la Terre a une certaine énergie gravitationnelle qui est proportionnelle à sa masse. C'est vrai aussi pour l'énergie cinétique. De surcroît, l'énergie gravitationnelle dépend de la masse de la source de la gravitation (planète ou étoile) : elle est donc proportionnelle à la masse et inversement proportionnelle à la distance de l'objet attractif.

Imaginons que nous ayons arraché un objet à l'attraction terrestre et l'ayons envoyé dans l'espace, très loin de la Terre. Son énergie gravitationnelle, puisqu'elle diminue lorsque la distance croît, est donc très faible. (Les physiciens disent qu'à l'« infini » la gravitation produite par un corps s'annule, et en pratique « à l'infini » veut dire « très loin », là où la gravitation n'agit presque plus, elle peut alors être « négligée ».) Notre objet avait une certaine énergie gravitationnelle quand il se trouvait sur Terre (correspondante au rayon de la Terre) ; maintenant, cette énergie est nulle (ou presque). Supposons, de plus, que notre objet se trouve maintenant au repos. Son énergie cinétique est par conséquent nulle, elle aussi. Mais cette énergie doit bien se trouver quelque part, puisque nous savons qu'elle est conservée ; elle n'a pas simplement disparu. Où est-elle donc passée ?

Pour arracher l'objet à l'attraction terrestre, nous avons dû faire un effort, un travail, donc « apporter » de l'énergie. Notre objet avait déjà de l'énergie gravitationnelle. Nous y avons ajouté une énergie de « propulsion ». Et en fin de compte, après tout cela, nous nous retrouvons avec une énergie nulle ! Cela peut paraître absurde, mais c'est bien là que se trouve la réponse : car l'énergie gravitationnelle est *négative*. C'est pourquoi il faut *apporter* de l'énergie pour arracher un objet à la pesanteur terrestre.

Procédons à présent au bilan. Avant d'être envoyé dans l'espace, notre objet avait une énergie négative. Comme à présent il se trouve au repos, cela signifie que nous lui avons fourni exactement la quantité d'énergie nécessaire pour le libérer de la gravitation terrestre. Cette énergie fournie, quelle que soit sa nature – la force musculaire de Superman, la propulsion par une fusée ou autre – a été transformée en énergie cinétique. L'énergie cinétique compense *exactement* l'énergie de liaison gravitationnelle. Autrement dit, pour un objet libéré de l'attraction :

énergie cinétique + énergie gravitationnelle = 0.

La vitesse correspondante à l'énergie cinétique est dans cette équation la vitesse de libération.

L'énergie gravitationnelle dépend du rapport entre la masse et le rayon du corps attractif. L'énergie cinétique dépend directement du carré de la vitesse de l'objet attiré – ce qui explique pourquoi le carré de la vitesse de libération est directement proportionnel à la masse et inversement au rayon. Cette vitesse est une propriété du corps attractif ; elle est indépendante de la nature de l'objet subissant l'attraction gravitationnelle. C'est une propriété fondamentale de la gravitation incarnée dans le *principe d'équivalence,* dont nous parlerons plus tard. À présent nous allons enfin parler des trous noirs ou plutôt d'une version newtonienne de ces corps qui a été élaborée au XVIIIe siècle par l'astronome anglais John Mitchell et le savant français Simon de Laplace.

Les trous obscurs

Si la vitesse de libération d'un corps était égale à celle de la lumière, ce corps serait « noir » dans le sens suivant : aucun rayon de lumière ne pourrait arriver à l'infini, c'est-à-dire loin du corps émetteur. Autrement dit, un rayon lumineux émis par un corps dont la vitesse de libération est égale à la vitesse de la lumière arriverait à l'infini avec une vitesse nulle, donc jamais. Il s'agirait donc plutôt d'un *corps obscur,* car il ne serait pas vraiment noir : la lumière pourrait en sortir mais elle ne pourrait aller très loin. Ce ne serait donc pas un *vrai* trou noir.

Cependant, si on reste dans le cadre de la physique new-tonienne – nous verrons bientôt que pour parler des vrais trous noirs, il nous faudra le quitter – c'est le corps obscur qui doit faire office de trou noir. Il se trouve que, par une étrange coïncidence, le rayon d'un corps obscur est égal au rayon d'un trou noir de la même masse, donc ce que nous allons dire maintenant sur les corps obscurs s'applique aussi aux trous noirs. Quelles sont les propriétés d'un corps obscur ? S'agit-il d'un corps très dense ? Pas nécessairement. Ce qui définit un corps obscur, c'est le rapport de la masse et du rayon, tandis que la densité est une mesure de masse par unité de volume : c'est en effet le rapport de la masse et du *cube* du rayon. Prenons le cas du Soleil. Ce n'est certainement pas un corps obscur et, comme nous l'avons mentionné, sa vitesse de libération est de 617,7 km/s. Si on voulait faire du Soleil un corps obscur, il faudrait le comprimer pour que son rayon corresponde à une vitesse de libération égale à celle de la lumière. Il devrait donc être 235 878 fois plus petit, et son rayon serait de 3 km ! Sa densité serait énorme : 10^{16} (dix millions multipliés par un milliard) fois plus grande. Imaginons par contre un corps céleste très massif, disons 3 milliards de fois plus massif que le Soleil. Nous allons voir plus tard que des trous noirs aussi massifs existent dans les centres de certaines galaxies. Pour qu'une telle masse forme un corps obscur son rayon doit être de 9 milliards de kilomètres ; mais sa densité ne sera que d'environ 8 kg par mètre cube, c'est-à-dire un peu plus que celle de l'air ! Il s'agit donc du rayon et non de densité, contrairement à ce que disent trop souvent les médias. Autrement dit, il s'agit de corps *compacts* mais pas nécessairement denses.

Arrêtons là pour l'instant nos investigations des corps obscurs et de leurs relations au monde réel. Car bien que notre définition d'un corps obscur paraisse simple et évidente, elle cache une faille, une contradiction qu'il faut résoudre avant de continuer. Un corps obscur n'est pas un trou noir non seulement parce que, contrairement à celui-ci, il n'est pas vraiment noir.

D'après notre définition du corps obscur – du « trou noir newtonien » –, en s'éloignant suffisamment loin de ce corps la lumière serait ralentie jusqu'à un arrêt complet. Nous savons cependant que c'est impossible ; les confirmations directes et indirectes de cette impossibilité sont très nombreuses et très convaincantes. La lumière dans le vide se propage toujours à la « vitesse de la lumière dans le vide », qui est invariablement égale à 299 792,458 km/s et que l'on dénote par la lettre c. On ne peut ni accélérer ni décélérer ou freiner le mouvement de la lumière. C'est le fondement de la théorie de la relativité restreinte d'Einstein, qui est la base de toute la physique moderne et dont les confirmations par l'expérience sont innombrables Nous nous retrouvons par conséquent face à un paradoxe : notre définition d'un trou noir est incompatible avec les lois de la physique.

Nous touchons ici à un problème fondamental : la théorie de la gravitation universelle de Newton est incompatible avec la théorie de la relativité restreinte. Pourtant, cela ne veut pas dire que l'une des deux est fausse. Cela signifie en fait qu'elles sont toutes deux des approximations, des « cas limites », d'une théorie plus générale – la théorie de la relativité générale, autrement dit de la théorie de la gravitation universelle d'Einstein. La théorie de Newton n'est valable que lorsque les vitesses des corps sont très petites par rapport à la vitesse de la lumière et quand la gravitation est faible. C'est-à-dire qu'elle n'est valable que dans les cas où la vitesse de libération est très petite par rapport à la vitesse de la lumière. Nous sommes donc bien mal tombés avec notre trou noir – le corps le moins *newtonien* que l'on puisse concevoir.

Nous avons dit que la théorie de la gravitation de Newton n'est « valable » que pour des vitesses « très petites par rapport à la vitesse de la lumière », ce qui peut paraître peu précis. C'est vrai, mais le degré de petitesse requis dépend du contexte et de la précision de la mesure. Par exemple, le système de positionnement global par satellite, connu sous le nom de GPS, qui guide avec une extraordinaire précision les avions, les bateaux et même, depuis peu, les voitures, doit prendre en compte les effets relativistes, y compris ceux de la relativité générale. Et pourtant la gravitation terrestre est vraiment très faible : la vitesse de libération n'est que de 11,2 km/s. Voyons donc d'où vient l'importance des effets relativistes. Le système GPS est composé de 24 satellites qui orbitent autour de la Terre, équipés de transmetteurs dont les signaux servent à déterminer la position d'un récepteur sur Terre (dans un bateau, dans une voiture ou… dans un tank, car le GPS est un système militaire mis au service de la société civile). Le calcul de la position du récepteur est une procédure plutôt complexe, mais en fin de compte il s'agit de déterminer la position par rapport à quatre satellites. Tous les satellites du système synchronisent leurs horloges. En effet, pour trouver une position, il faut savoir non seulement *où* mais aussi *quand* le signal a été émis. La mesure du temps est donc un élément essentiel du GPS. Supposons que l'on ne prenne pas en compte les effets de la relativité générale, c'est-à-dire qu'on accepte dans les mesures une erreur relative de l'ordre d'un milliardième (1/1 000 000 000), ce qui, comme nous l'avons rappelé en citant la valeur de la vitesse de libération terrestre, correspond à l'ordre de grandeur des effets de la relativité générale à la surface de la Terre (plus précisément : c'est le *carré* du rapport des vitesses de libération et de la lumière qui donne cet ordre de grandeur). Un tel effet, non corrigé, donnerait une erreur d'environ 8 microsecondes (8 millionièmes de seconde) par jour. Cela ne paraît pas beaucoup, mais impliquerait une erreur d'environ 25 mètres par jour (résultat que l'on obtient en multipliant les 8 microsecondes par la vitesse de propagation des signaux, qui n'est autre que celle de la lumière). Il s'ensuit que, contrairement aux apparences, la théorie de la gravitation d'Einstein n'est pas une abstraite construction de l'esprit sans importance dans la vie quotidienne. En négligeant ses effets on risque de poser un avion à côté de la piste d'atterrissage.

La théorie de la relativité restreinte ne peut pas être appliquée à un trou noir. Elle suppose une structure de l'espace et du temps (de « l'espace-temps ») qui n'est pas compatible avec la gravitation : plus précisément, elle suppose que la lumière se propage le long de lignes droites. Or il n'y a pas de lignes *droites* en présence de la gravitation : les trajectoires qui correspondent aux lignes droites *doivent* être courbées. Nous en parlerons dans les deux chapitres suivants, qui exposeront les principes de la relativité. *En fin de parcours, nous comprendrons comment la lumière peut être à la fois piégée par la gravitation d'un trou noir et se propager avec sa vitesse habituelle : constante et universelle.*

CHAPITRE 2

LA RELATIVITÉ RESTREINTE

Relativité du mouvement

Quand je suis réveillé au petit matin par les sifflements d'autres convois arrivant ou quittant la gare dans laquelle mon train s'est arrêté sans m'avoir brisé le sommeil, il m'arrive parfois d'être désorienté en scrutant la voiture voisine à la recherche d'un visage familier, beau ou juste intéressant : j'ai l'impression que mon train s'est mis en marche, mais c'est peut-être l'autre, je n'en suis pas sûr. Pendant un moment, je ne peux qu'observer l'effet du mouvement : je n'ai plus en face de moi, dans l'autre train, la chevelure blonde d'une personne qui me tournait le dos, mais celui, mal rasé, d'un gros monsieur endormi. Je sais alors qu'un des deux trains se déplace par rapport à l'autre : je peux constater un mouvement *relatif*. Ce n'est qu'en portant mon regard sur un point que je *sais* être fixe – l'horloge sur le quai par exemple – que je décide que c'est bien nous qui sommes en train de quitter la gare.

Cette petite histoire d'un moment d'incertitude ferroviaire illustre un aspect de la relativité du mouvement : sans repère permettant d'établir ce qu'est *le repos*, nous ne sommes pas capables de détecter le mouvement absolu, nous ne pouvons que constater le mouvement relatif. Plus précisément, il s'agit d'une propriété des mouvements *uniformes*, c'est-à-dire des mouvements à vitesse constante. Par conséquent, dans un train idéal qui se déplacerait à vitesse constante, dont la suspension, elle aussi, serait idéale, amortissant parfaitement les bruits et les secousses ressenties pendant un voyage réel, il nous serait impossible de détecter le mouvement sans observer le monde extérieur ; cette observation cependant ne permettrait qu'une détection d'un mouvement par rapport à un autre repère, autrement dit, d'un mouvement relatif. Rideaux baissés, coupés du monde extérieur, nous serions incapables de détecter le mouvement. Si, pour nous faire croire que nous partons en voyage, nous étions enfermés dans un simulateur de voiture imitant à la perfection les secousses et bruits des roues, nous ne pourrions pas détecter la supercherie à l'intérieur de celle-ci. Cela reflète une caractéristique générale du mouvement : aucune expérience menée à l'intérieur d'un laboratoire en mouvement uniforme ne permet de détecter ce mouvement. Le repos et le mouvement uniforme sont ainsi strictement équivalents et par conséquent le mouvement ne peut être que *relatif*. La relativité du mouvement était déjà connue de Galilée ; il écrivait en effet que « le mouvement est comme rien ». Elle trouve son expression dans le principe d'inertie : « Un corps qui n'est soumis à aucune force est soit au repos, soit en mouvement rectiligne et uniforme. » Le principe d'inertie constate l'état d'un corps qui n'est soumis à aucune force ; mais il suppose aussi, implicitement, l'existence de repères dans lesquels ce principe est satisfait. Autrement dit, le principe d'inertie suppose l'existence de *repères inertiels* ou de *systèmes (de référence) inertiels*.

Systèmes inertiels

Ce n'est pas « trivial », comme disent les mathématiciens, pour lesquels ce mot veut dire « évident ». En effet, par définition, les systèmes inertiels eux-mêmes doivent être en mouvement uniforme, donc n'être soumis à aucune force. Nous avons déjà invoqué un « train idéal », mais ce genre d'engin en soi ne ferait pas l'affaire car, idéal ou non, il va subir les forces de la gravitation qui accélèrent (ou freinent) les mouvements de tous les corps. Pour réaliser un système qui pourrait servir de repère inertiel, il faudrait donc s'éloigner *très loin* des sources de gravitation, c'est-à-dire *à l'infini* dans le sens mentionné dans le chapitre précédent. Dans l'Univers réel, il est impossible de le faire car l'Univers n'a pas de bord au-delà duquel il n'y aurait plus rien. Ce n'est pas grave car, comme d'habitude en physique, il s'agit d'une notion qui ne doit être qu'une très bonne approximation de certaines propriétés fondamentales des systèmes physiques en général et non d'un système existant en réalité. La qualité d'une approximation dépend, comme nous l'avons déjà dit, du contexte et de la précision des mesures. Par exemple, dans un tube cathodique, c'est-à-dire dans un tube d'un (vieux) téléviseur, la déviation due au poids d'un électron sur le chemin entre la cathode et l'écran est inférieure au dixième du rayon d'un noyau atomique, tandis que les forces électromagnétiques dans le même tube produisent des déviations dix millions de milliards (10^{14}) de fois plus grandes, par conséquent dans le fonctionnement d'un poste de télévision les forces de gravitation peuvent être tranquillement négligées. On peut donc décrire les mouvements des électrons dans un tube cathodique en se plaçant dans un repère inertiel. D'habitude, en décrivant les processus qui mettent en jeu des particules élémentaires ou des atomes ou, encore plus généralement, des processus à petites échelles, on peut faire abstraction de la gravitation et les décrire dans des référentiels inertiels.

Mais même en présence de la gravitation, on peut supposer l'existence de systèmes inertiels à condition que l'erreur induite par cette supposition ne soit pas trop grande. Encore une fois il s'agit de décider quelle est la précision désirée. Par exemple, la Terre se déplace sur son orbite avec une vitesse moyenne un peu inférieure à 30 km/s par rapport au Soleil, qui lui-même se déplace par rapport aux étoiles les plus proches avec une vitesse d'environ 20 km/s. Ces vitesses ne sont pas constantes mais dans de nombreux cas on peut associer un système inertiel aussi bien à la Terre qu'au Soleil et considérer les mouvements de ces corps célestes comme uniformes, ou plus précisément *suffisamment uniformes* pour nos besoins. Nous reviendrons à ces problèmes quand il sera question du *principe d'équivalence* et de la généralisation du concept de système inertiel aux mouvements non uniformes. Pour le moment nous allons nous restreindre aux mouvements uniformes.

L'étude de ce que l'on voit en se plaçant dans des systèmes inertiels nous permettra de comprendre plus tard les diverses faces des trous noirs qui dépendent du mouvement de l'observateur. Et puis, comme nous allons le voir avant peu, c'est justement en étudiant la physique dans les systèmes inertiels que l'on découvre les étonnantes propriétés de la vitesse de la lumière sans lesquelles il n'y aurait pas de trous noirs.

Le principe de relativité

Longtemps on a pensé que le principe d'inertie ne s'appliquait qu'à un certain type de processus physiques : ceux décrits par la mécanique newtonienne. Or celle-ci décrit les mouvements des corps mais non les « mouvements » (la propagation) d'ondes électromagnétiques. Si le principe d'inertie ne s'appliquait pas aux processus électromagnétiques, ceux-ci permettraient par conséquent le choix d'*un* système de référence spécial (privilégié) : le « repos électromagnétique ». L'idée simple et révolutionnaire d'Einstein a été de généraliser le principe d'inertie à tous les processus physiques, en premier lieu à toutes les forces – ou plutôt, pour utiliser le langage de la physique moderne, à toutes les *interactions* – à l'exception de la gravitation, ce qui donna le principe de la *relativité restreinte*. Puis, il l'a généralisé à tous les processus physiques sans exception, en formulant le principe de la *relativité générale*. Ces deux principes ont changé la façon dont les physiciens voient le monde.

Parlons d'abord du principe de relativité *restreinte*. Il postule *qu'aucune expérience physique interne ne peut mettre en évidence le mouvement d'un système inertiel par rapport à un autre système inertiel.* « Interne » veut dire « sans se référer à des observations externes au système ». On peut aussi formuler le même principe en disant : *toutes les lois de la physique ont la même forme dans tous les systèmes inertiels.*

La seconde formulation paraît plutôt évidente, car si les lois de la physique n'avaient pas la même forme dans tous les repères inertiels, la forme particulière d'une loi pourrait permettre de privilégier un système inertiel par rapport à un autre système inertiel, violant ainsi le principe de relativité. Cependant, le principe de relativité est bien un *principe* : il *postule* que les lois de la physique doivent pouvoir être exprimées sous une forme indépendante du système inertiel dans lequel elles sont énoncées. Ce principe définit en fait ce qu'est une loi de la physique. Une hypothèse qui maintiendrait, par exemple, que « toute particule élémentaire se déplaçant avec une vitesse constante égale à

30 % de la vitesse de la lumière émet des rayons n (jusqu'ici inconnus de la science) » ne vaudrait même pas la peine d'être testée : elle ne peut être une loi de la physique. En effet, il suffirait de se placer dans un système inertiel par rapport auquel la particule est au repos pour que l'hypothèse apparaisse dans toute son absurdité. Il ne faut cependant pas en déduire qu'aucune phrase du type « X a une propriété Y quand il se déplace avec une vitesse égale à Z » ne peut être une loi physique. Il y a une exception, ô combien importante ! (comme nous allons le voir bientôt) : les mouvements dotés d'une vitesse *égale* à la vitesse de la lumière ont un caractère spécial.

Copernic avait-il raison ?

Avant de parler de la vitesse de la lumière, soulignons en premier lieu que nous parlons des *lois* de la physique et non de *descriptions* d'un processus donné. Les lois de la physique s'expriment dans le langage des mathématiques, sous forme d'équations. Le principe de relativité exige qu'on puisse écrire ces équations sous une forme qui soit la même dans tous les systèmes inertiels. Cependant, pour décrire un processus particulier on peut trouver commode d'utiliser une forme d'équations adaptée à ce qu'il y a de particulier dans les phénomènes qui nous intéressent. Par exemple, une des lois de la mécanique de Newton dit que l'accélération d'un corps est proportionnelle à la force appliquée à ce corps. En physique newtonienne, cette loi est la même dans tous les systèmes inertiels : masse inertielle multipliée par l'accélération = force.

Nous parlerons bientôt de cette masse inertielle mais, pour résoudre un problème concret, on peut se simplifier la vie en adoptant une forme particulière de l'accélération et de la force. Ainsi, pour décrire les mouvements des planètes dans le système solaire il est plus avantageux de choisir un système de référence centré sur le Soleil plutôt qu'un système centré sur la Terre : les équations sont alors plus simples à résoudre. Mais un calcul dans un système centré sur la Terre, bien que plus compliqué, donnerait le même résultat car on aurait résolu les mêmes équations. On peut donc en déduire que le point de vue ptolémaïque (« les planètes et le Soleil tournent autour de la Terre ») est équivalent au point de vue copernicien (« les planètes et la Terre tournent autour du Soleil ») et penser que la fameuse révolution copernicienne n'était qu'une révolution inutile. Ce ne serait pas exact. Les deux points de vue sont équivalents mais la révolution n'était pas inutile. Avant Newton on ne comprenait pas ce qui fait orbiter les corps célestes. En déplaçant le « centre » de notre système planétaire vers le Soleil, Nicolas Copernic a pratiquement montré du doigt où se trouve la cause du mouvement. Tout d'abord, le système héliocentrique de Copernic a permis à Johannes Kepler de trouver les « lois » auxquelles se plient les orbites des planètes, puis le génie de Newton a terminé le travail en trouvant les lois universelles dont les lois de Kepler sont la conséquence. Le Soleil étant beaucoup plus massif que les planètes, le centre de gravité du système solaire coïncide pratiquement avec sa position et il est donc *plus simple* de décrire le mouvement des planètes comme tournant *autour* du Soleil. Autrement dit, vues du Soleil les planètes orbitent sur de simples ellipses tandis que leur mouvement vu de Terre trace des figures beaucoup plus complexes. Cependant, les lois de Newton ont la même forme sur Terre et sur le Soleil : l'accélération d'un corps est proportionnelle à la force appliquée à ce corps.

*Le passage d'un système inertiel
à un autre système inertiel : les transformations*

Les mathématiques permettent une grande liberté de formes sous lesquelles les équations de la physique peuvent s'écrire, mais pour satisfaire au principe de relativité toutes ces formes doivent pouvoir se déduire d'une forme générale, indépendante du système choisi ; on appelle une telle forme *covariante*. Toutefois, la covariance d'une loi dépend des règles qui définissent le passage d'un système à l'autre, autrement dit des règles qui définissent les transformations que subissent les équations quand on change de vitesse du système de référence. Depuis Galilée, on connaissait les transformations (dites *transformations de Galilée*) qui permettent de passer d'un système inertiel à un autre. Les transformations de Galilée conservent la forme des lois de la mécanique newtonienne, cependant elles modifient la forme des équations de Maxwell qui décrivent l'électricité et le magnétisme. En revanche, les équations de l'*électrodynamique* ont leur forme conservée par d'autres transformations : les *transformations de Lorentz*, qui, on l'a deviné, modifient nécessairement la forme des lois de Newton. On pourrait donc en déduire soit que l'un des deux systèmes d'équations viole le principe de relativité – mais dans ce cas il existerait une façon de déterminer le *repos absolu* –, soit qu'il existe deux types de systèmes inertiels, un pour les processus mécaniques et un autre pour les interactions électromagnétiques. Mais comme la définition des systèmes inertiels ne mentionne qu'une vitesse constante, ce serait incompréhensible. Il semblait donc que la première réponse devait être la bonne et on a cru pendant un certain temps que la lumière, et les ondes électromagnétiques en général, se propage dans un milieu appelé *éther* qui définirait le système de repos *absolu*.

Cela impliquait cependant que l'on devrait pouvoir observer les mouvements des corps par rapport à l'éther. Nous avons déjà mentionné que la Terre tourne autour du Soleil avec une vitesse moyenne d'environ 30 km/s ; on devrait voir l'effet de ce mouvement sur la propagation de la lumière. Or les mesures très précises de Michelson et Morley en 1887 n'ont détecté aucun mouvement par rapport à l'hypothétique milieu au repos absolu : la lumière se propageait comme si elle ne « voyait » pas le mouvement de la Terre. La conclusion était claire et sans appel (bien que peut-être non immédiate) : l'éther n'existe pas ! Il en est ainsi en physique : on y conserve les êtres nés de la raison, imaginés par les physiciens, tant qu'on a l'espoir de confirmer leur existence par l'expérience ou l'observation. Quand l'expérience montre que l'objet conçu par la raison ne se manifeste pas là où on l'attend, il cesse de faire partie du vocabulaire de la physique. Dans la pratique, toutefois, les choses ne sont pas toujours aussi simples que cela : les hypothèses permettant certaines imprécisions et les expériences n'étant jamais idéales, il n'est souvent pas clair que l'on a atteint la précision nécessaire pour condamner au néant l'être étudié. Dans le cas de l'éther, il n'y avait pas de doutes et on se retrouvait devant un énorme paradoxe qu'était l'existence de deux types de systèmes inertiels.

Albert Einstein a trouvé la solution de ce problème en complétant le principe de relativité par le postulat suivant : « Dans le vide, la lumière se propage avec une vitesse constante **c**, dans tous les systèmes inertiels et ce, indépendamment du mouvement de la source et de l'observateur. » Ce postulat résout le paradoxe car il implique que les transformations de Lorentz doivent s'appliquer *aussi* aux équations de la mécanique. En effet, Einstein a constaté que la forme newtonienne des équations de la mécanique n'est qu'une approximation des bonnes équations, elle n'est valable que pour des vitesses très petites par rapport à la vitesse de la lumière. On devine que les transformations de Galilée ne sont qu'une approximation des transformations de Lorentz : elles ne sont valables que quand les mouvements sont lents par rapport au mouvement de la lumière.

La révolution einsteinienne

Le postulat d'Einstein était révolutionnaire et, nous en parlerons bientôt, bouleversa les idées que l'on se faisait jusqu'alors sur l'espace et le temps – des idées que l'on se fait d'ailleurs encore, dans la vie de tous les jours, car (heureusement pour nous) les vitesses de nos mouvements quotidiens sont très inférieures à la vitesse de la lumière. Toutefois, les « révolutions » en physique sont toujours fondées sur des preuves expérimentales – celles de la constance de la vitesse de la lumière abondaient déjà du temps d'Einstein. Contrairement aux révolutions sociales, les révolutions scientifiques s'imposent par la force de leurs arguments théoriques et expérimentaux et non par la force des armes et de la terreur. Autrement dit, les révolutions scientifiques ne s'imposent que quand leurs idées marchent. La relativité d'Einstein, contrairement à la légende, a été immédiatement acceptée par l'énorme majorité des physiciens ; et ce n'est pas par hasard si parmi les récalcitrants ou adversaires on trouva en majorité les disciples des révolutions sociales pour lesquels la théorie de la relativité n'était que l'expression d'une pensée (pourrie, cela va de soi) juive ou (pour certains *et*) bourgeoise.

Et révolution il y eut. Pour commencer, l'idée que la vitesse de la lumière serait indépendante de la vitesse de la source et de l'observateur, idée qui explique le résultat de l'expérience de Michelson et Morley (mais ce n'est pas cette expérience qui aurait inspiré Einstein), contredit tout ce que la vie quotidienne nous apprend sur l'addition des vitesses. Pressés, dans un aéroport, empruntant un tapis roulant, nous courons pour aller plus vite... et nous allons plus vite, notre vitesse étant la somme de la vitesse du tapis et de la vitesse de notre course. Les choses sont entièrement différentes dans le cas de la lumière car comme sa vitesse est la même dans tous les systèmes, elle est tout simplement *une constante*. La lumière ne peut pas s'arrêter ; par conséquent, elle n'a pas, contrairement à nous, le choix de rester sur place et de se contenter de suivre le mouvement d'un tapis roulant. Sa vitesse est toujours égale à la *constante* c = 299 792,458 km/s. Ainsi, le faisceau de lumière d'une lampe de poche allumée par une personne se déplaçant sur un tapis roulant avec une vitesse de 2 km/s sera toujours de 299 792,458 km/s et *non* de 299 794,458 km/s. Il en va de même pour des particules accélérées à des vitesses proches de celle de la lumière : quand elles émettent de la lumière sous forme de rayons γ, ceux-ci se propagent toujours avec la vitesse de 299 792,458 km/s. Autrement dit, dans le cas de la lumière, « c + *vitesse* = c », ce qui est une drôle d'arithmétique. En fait, il ne s'agit pas d'arithmétique, mais de géométrie : on verra sous peu que cette propriété étrange de la vitesse de la lumière nous force à modifier nos idées sur ce que sont l'espace et le temps.

Pourquoi la lumière a-t-elle une telle importance ? Tout d'abord, il ne s'agit pas seulement de la lumière visible mais de tout rayonnement électromagnétique, c'est-à-dire des ondes radio, micro-ondes, des rayonnements infrarouges, ultraviolets et X ainsi que des rayons γ. Toutes ces formes de rayonnement ne diffèrent que par la fréquence de leurs vibrations ou, ce qui est équivalent, par leur énergie – la plus basse pour les ondes radio, la plus haute pour les rayons γ. Toutefois, ce n'est pas tellement le porteur du signal qui compte mais le fait que sa vitesse de propagation soit égale à la vitesse de la lumière – c'est cette vitesse qui joue un rôle fondamental dans la structure de l'Univers. Au lieu de « vitesse de la lumière » il faudrait plutôt dire « vitesse absolue » ou « vitesse fondamentale ». On ne dit « vitesse de la lumière » que pour des raisons historiques, puisque, au début du siècle dernier, quand Einstein élabora la théorie de la relativité restreinte, il s'agissait d'expliquer les propriétés des ondes électromagnétiques (dont la forme que nous connaissons le mieux est la lumière), qui se propagent à la vitesse absolue. Depuis, nous savons que d'autres formes d'énergie peuvent se propager à la vitesse de la lumière. Cependant, il est impossible d'accélérer un corps, ou une particule, à la vitesse de la lumière, puisque cette vitesse ne peut être ni additionnée ni soustraite à une autre vitesse : la somme de vitesses inférieures à la vitesse de la lumière ne peut jamais être égale (ou supérieure) à la vitesse de la lumière. Par conséquent, on n'acquiert pas la vitesse de la lumière, on naît avec. Et on meurt avec, parce qu'on ne peut pas arrêter une particule qui se propage avec la vitesse de la lumière, on ne peut que l'anéantir... sans la ralentir toutefois.

La lumière

Avant d'aller plus loin, il faut s'arrêter un moment pour parler des propriétés de la lumière, ou plutôt du rayonnement électromagnétique dont la lumière visible n'est qu'une manifestation particulière. Le rayonnement électromagnétique a évidemment une importance fonda-mentale dans la présentation des trous noirs. Tout d'abord, ce rayonnement se propage avec la vitesse fondamentale, qui est aussi la vitesse maximale de propagation de toute particule ou signal. Donc, rien ne se propage plus vite que les ondes électromagnétiques. De plus, ce sont les ondes électromagnétiques qui nous fournissent l'essentiel de l'information sur l'Univers. Pratiquement tout ce que nous « voyons », nous le voyons avec nos yeux ou avec des télescopes optiques, radiotélescopes, télescopes ou détecteurs X et γ, etc. Seule une petite partie de notre savoir est obtenue grâce aux neutrinos (et bientôt nous parviendra à l'aide d'ondes gravitationnelles) mais la source principale d'information sur l'Univers est bien le rayonnement électromagnétique. Ce n'est pas un hasard, mais la conséquence de la nature du contenu de l'Univers. En premier lieu on pense évidemment au célèbre « rayonnement cosmologique de fond », cette relique électromagnétique du Big Bang dans lequel « baignent » toutes les autres formes de matière qui forment ses structures, amas de galaxies, galaxies, étoiles, matière intergalactique et interstellaire, etc. Mais ces structures sont composées d'atomes, c'est-à-dire de noyaux atomiques et d'électrons. Ces derniers émettent très facilement diverses formes de rayonnement électromagnétique. Accélérés ou ralentis, en changeant d'orbite dans un atome, les électrons émettent des *photons* – particules du rayonnement électromagnétique. Rappelons, sans pouvoir en parler en détail, que le *rayonnement électromagnétique* apparaît sous deux formes complémentaires : comme *ondes électromagnétiques*, et sous forme de particules – les *photons*. Cette découverte de la double nature du rayonnement est aussi due à Einstein, qui a été à l'origine non seulement de la relativité mais aussi de la physique quantique qui incorpore la dualité ondes-particules.

Les particules qui ont la vitesse de la lumière ont toutes une propriété commune : leur *masse au repos* est nulle et *doit* être nulle. On pourrait s'étonner de l'utilisation de la notion de « masse *au repos* » qui fait appel à un état particulier du mouvement – le repos – et qui, d'après le principe de relativité, ne serait pas physique ; mais malgré son nom et le fait qu'elle corresponde vraiment à la masse d'un corps mesurée dans un système dans lequel il se trouve au repos, la *masse au repos* est une quantité indépendante du repère et porte aussi un autre nom, plus correct, de *masse invariante*. Cette masse invariante est donc nulle pour une particule dont la vitesse est celle de la lumière.

Voyons cela d'un peu plus près ; on aura besoin de bien comprendre la particularité du mouvement à la vitesse de la lumière pour comprendre ce qu'est un trou noir, cet objet qui donne l'impression d'arrêter la lumière. Une des conséquences de la théorie d'Einstein est la fameuse équation $E = mc^2$ qui établit l'équivalence de la masse et de l'énergie. La masse m qui apparaît dans cette équation dépend de la vitesse du corps en mouvement – sa valeur *augmente* avec la vitesse. À vitesse nulle, elle est évidemment égale à la masse *au repos*. Puisque la lumière ne peut jamais être au repos, sa vitesse est toujours égale à **c**, et donc sa masse *au repos* est nulle, comme nous l'avons déjà dit. On serait tenté de dire que la lumière « n'a pas » de masse au repos – le repos lui étant interdit –, mais il faut résister à cette tentation, car la masse dite « au repos » possède un sens plus général : nous savons déjà que c'est une masse *invariante*, que c'est une propriété d'un corps indépendante de son mouvement. Donc, pour une particule de lumière, la masse au repos est bien égale à zéro, et toute sa masse-énergie provient de son mouvement. Ce n'est pas étonnant car, nous ne le répéterons jamais assez, le photon est toujours en mouvement. Bien entendu, le fait que tous les photons aient la même vitesse n'entraîne pas une égalité des énergies. L'énergie d'un photon dépend de sa *fréquence* – c'est là que se manifeste la nature duale du photon : il est une particule *et* une onde, il a donc une fréquence. L'énergie d'un photon est directement proportionnelle à sa fréquence : l'énergie d'un photon « bleu » est supérieure à celle d'un photon « rouge » car la fréquence du premier est supérieure à celle du second. Contrairement à sa vitesse, toujours égale à **c**, la fréquence d'un photon dépend de la vitesse de l'émetteur, de sa source, ainsi que de la vitesse du récepteur – de l'observateur. Avant d'en parler, il nous faut voir comment le principe de relativité d'Einstein bouleverse la notion habituelle du temps.

Faisons, en passant, une remarque sur $E = mc^2$. La masse d'un corps est une mesure de sa résistance à l'accélération – plus un corps est massif, plus il est difficile de le mettre en marche. Nous parlons ici de la masse *inerte*. Puisque, d'après Einstein (et d'après de très nombreuses expériences), la masse d'un corps augmente avec sa vitesse, l'accélération – c'est-à-dire l'accroissement de sa vitesse – le rend de plus en plus difficile à accélérer. En effet, pour accélérer un corps à la vitesse de la lumière il faut utiliser une quantité *infinie* d'énergie. Cela explique pourquoi on ne peut jamais accélérer un corps ou une particule à la vitesse de la lumière. La vitesse **c** est non seulement une vitesse fondamentale mais aussi une vitesse *limite* ; elle est une limite que l'on ne peut ni atteindre ni franchir. *C'est le pivot du phénomène trou noir.*

Le temps qui change

Les propriétés du mouvement ayant la vitesse de la lumière sont contraires à nos intuitions. (Ce n'est pas étonnant : après tout, la physique est une science expérimentale, formulée dans un langage mathématique.) Elles bouleversent aussi les notions même de l'espace et du temps, car quand on parle de vitesse (intervalle d'espace parcouru dans un intervalle de temps), on parle nécessairement d'espace *et* de temps. Nous allons illustrer ce bouleversement à l'aide d'une horloge, que nous appellerons « horloge photonique ». Son « mécanisme » est très simple : il consiste en deux miroirs parallèles montés sur un support quelconque et un photon qui parcourt le chemin entre les miroirs en subissant des réflexions multiples. Le chemin du photon est vertical (orthogonal aux miroirs) ; donc les réflexions se font toujours au même endroit sur chacun des miroirs. On peut supposer que l'arrivée sur le miroir supérieur correspond à « tic », et la rencontre avec le miroir inférieur correspond à « tac ». Il s'agit évidemment d'une horloge idéale et nous n'allons pas essayer de savoir si elle fonctionne en pratique. Cependant, une vraie horloge atomique, dont le « mécanisme » est une transition entre deux niveaux d'énergie d'un atome, fonctionne sur le même principe.

Pour commencer, posons l'horloge photonique quelque part. Elle sera notre horloge au repos. Nous l'avons réglée d'une telle façon qu'un milliard d'allers-retours du photon corresponde à une seconde. C'est-à-dire que nous avons fixé la distance entre les miroirs à 15 cm – puisque la vitesse de la lumière est égale à environ 30 milliards de centimètres par seconde, un aller-retour (un « tic-tac ») dure

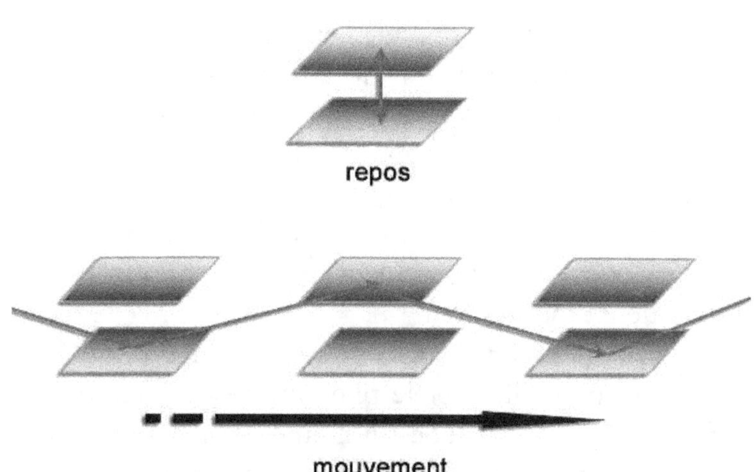

Figure 1 : « Horloge photonique » – Elle est formée par deux miroirs parallèles et un photon qui parcourt le chemin entre les miroirs en subissant des réflexions multiples. Quand l'horloge est au repos, le chemin du photon est vertical (orthogonal aux miroirs). Quand les miroirs se déplacent, le trajet du photon n'est plus vertical et son temps de parcours devient ainsi plus long. Par conséquent, d'après une horloge en mouvement, le temps s'écoule plus lentement que d'après l'horloge au repos.

un milliardième de seconde. Prenons maintenant une seconde horloge, identique à la première, et mettons-la en mouvement à une vitesse constante. Nous voyons que dans l'horloge en mouvement le photon doit parcourir une distance supérieure à 15 cm sur son chemin entre les deux miroirs. En effet, pendant que le photon se déplace, les miroirs se déplacent aussi et par conséquent la trajectoire du photon n'est plus verticale mais clairement *oblique.* Cependant, puisque, d'après le principe de relativité d'Einstein, la vitesse de la lumière est toujours la même, indépendamment du mouvement des observateurs et des sources, l'accroissement de la longueur du chemin du photon entraîne nécessairement une prolongation du *temps* de parcours : les « tic-tac » de l'horloge en mouvement sont moins fréquents que ceux de l'horloge au repos. D'après l'horloge en mouvement le temps s'écoule plus lentement que d'après l'horloge au repos. En physique on appelle cet effet « dilatation » du temps. Un lecteur qui possède quelques éléments de géométrie élémentaire peut facilement trouver (avec le théorème de Pythagore) la formule qui donne le ralentissement du « tic-tac » de l'horloge photonique en mouvement.

Nous nous sommes servis d'une horloge photonique uniquement pour illustrer le phénomène de dilatation du temps, mais le phénomène lui-même est indépendant du type d'horloge employée. En effet, toutes les horloges, montres et autres chronomètres peuvent être réglés à l'aide de l'horloge photonique, par rapport à laquelle elles sont au repos, si nous faisons coïncider tous leurs différents « tic-tac » avec celui de l'horloge photonique. Autrement dit : on peut les *synchroniser* avec l'horloge photonique par rapport à laquelle ils sont au repos, de façon qu'ils montrent le même effet de dilatation que les horloges photoniques. C'est donc un phénomène qui devrait se manifester dans tous les processus physiques quand il est question de durée. Effectivement, la dilatation du temps est clairement observée dans le monde des particules élémentaires. La plupart des particules élémentaires ne vivent pas éternellement, mais se désintègrent en d'autres particules, qui, soit se désintègrent à leur tour, soit sont stables. Par exemple le muon, particule qui est produite abondamment dans l'atmosphère terrestre par les rayons cosmiques, ainsi que dans les accélérateurs de particules, a un temps de vie très court : environ deux millionièmes de seconde. Au bout de ce temps, il se désintègre en électrons et neutrinos. Ces deux millionièmes de seconde sont le temps de vie d'un muon au repos par rapport à l'observateur. Cependant, les muons sont fréquemment créés dans des processus de très haute énergie et donc avec de très grandes vitesses, proches de la vitesse de la lumière. Or on observe que ces muons rapides vivent plus longtemps que deux millionièmes de seconde. À 99,5 % de la vitesse de la lumière un muon vit dix fois plus longtemps qu'au repos. Cela est un constat expérimental et non une spéculation.

Le ralentissement concerne en fait tous les processus – physiques, chimiques biologiques – et toute activité humaine. Ainsi, la *Valse minute* de Chopin exécutée par un virtuose en une minute (ce qui serait d'ailleurs une vraie « exécution » de ce morceau) durera toujours plus longtemps qu'une minute pour un observateur en mouvement par rapport au pianiste (et au piano).

La dilatation du temps est un effet réel : le muon vit vraiment plus longtemps quand il se déplace à grande vitesse. Et pourtant, nous avons bien dit et répété que le mouvement uniforme n'a qu'un sens relatif, qu'il est impossible de détecter le mouvement uniforme par une expérience interne. Ce que nous avons dit sur la dilatation du temps n'est heureusement pas en contradiction avec le principe de relativité. Nous voyons bien le muon vivre plus longtemps que prévu, mais du point de vue du muon lui-même (c'est-à-dire du point de vue d'un observateur qui se déplace avec la même vitesse que le muon) sa durée de vie est bien évidemment celle « au repos », c'est-à-dire que de *son* point de vue le muon ne vit pas plus longtemps, il ne réalise pas qu'il est en mouvement. Tout simplement, la notion de « durée » n'a plus de sens absolu auquel nous a habitué notre vie à petites vitesses. La durée n'a qu'un sens relatif et la relativité de ce sens est « réciproque » : nous voyons une horloge « ralentir » dans un système qui est en mouvement par rapport à nous ; mais réciproquement, un observateur au repos par rapport à cette horloge verra *notre* horloge *ralentir* par rapport à la sienne. La dilatation du temps ne reflète que le mouvement relatif, il n'y a pas de ralentissement absolu. Le seul élément absolu en relativité est la vitesse fondamentale : la vitesse de la lumière.

La dilatation du temps a une conséquence importante : la notion de simultanéité n'a pas de sens absolu : « maintenant » dépend du système dans lequel cette notion est définie. En effet, puisque l'on ne peut pas synchroniser les horloges dans des systèmes en mouvement relatif, il est impossible de définir le même « maintenant » pour tout le monde. Le « présent » dépend du mouvement.

Nous allons voir que l'invariance de la vitesse de la lumière, dont le mouvement est indépendant du mouvement des sources et des récepteurs, implique non seulement une révision de nos notions habituelles du temps mais une révision aussi fondamentale des notions de l'espace. Ce n'est pas surprenant car une vitesse correspond à une longueur parcourue pendant une durée, donc l'existence d'une vitesse absolue lie le temps à l'espace. Le cadre propre à la relativité est celui de l'*espace-temps*, dans lequel le temps et l'espace forment une structure inséparable. Les séparations que l'on utilise pour décrire aussi bien les expériences de la physique que les événements de la vie quotidienne n'ont qu'un sens relatif ; elles n'existent que par rapport à un repère donné. Certes, elles nous paraissent naturelles et évidentes mais c'est parce qu'elles ne concernent que les mouvements relatifs, à des vitesses qui sont petites par rapport à la vitesse de la lumière.

L'espace rétrécissant

Pour mesurer les petites distances (longueurs), on peut se contenter d'utiliser une règle que l'on va poser successivement le long de l'intervalle qui nous intéresse. La distance sera égale au nombre de fois que l'on aura posé la règle, multipliée par la longueur de la règle. Si la règle a une longueur standard, par exemple de un mètre, nous connaîtrons la longueur en unités standard. Nous dirons, par exemple, que la longueur d'une table est de deux mètres si elle correspond à deux longueurs d'une règle de un mètre. Dans la pratique on se sert de « mètres » rigides, en bois ou métalliques, pliants ou à rubans, etc. Ce qui importe c'est que la longueur d'un mètre donné soit toujours la même et, par commodité, qu'elle corresponde à un étalon standard. Aujourd'hui, l'étalon de longueur n'est plus fourni par le fameux mètre de Sèvres, mais par la longueur du trajet parcouru dans le vide par la lumière en 1/299 792 458 s. L'étalon de longueur est donc défini par la vitesse de la lumière. La lumière ou en général les ondes électromagnétiques servent aussi à déterminer les distances qu'il serait incommode de mesurer à l'aide des règles. En géodésie on se sert du théodolite, les réflexions des rayons du Laser-Lune de l'observatoire de la Côte d'Azur à Grasse permettent de déterminer la distance de la Terre à la Lune avec une précision d'environ 1 millimètre !

Quand on veut mesurer la longueur des objets en mouvement, la lumière est un moyen idéal. Dans le monde de la physique de Newton, mesurer la longueur d'un objet en mouvement quand on connaît déjà sa longueur au repos n'a pas grand intérêt, puisque dans ce monde les longueurs ne varient que quand une force, ou en général un processus physique, les rétrécit ou les allonge. Le mouvement uniforme étant le résultat de l'absence des forces, on ne s'attendrait pas à ce qu'un objet change de longueur juste parce que nous sommes en mouvement par rapport à lui. Mais puisque la relativité nous dit que les horloges ralentissent en mouvement uniforme on peut s'attendre à ce que des choses inattendues arrivent aussi aux mètres. En effet, les longueurs des objets en mouvement uniforme par rapport à un certain système de référence, mesurées dans ce système, sont plus courtes que les longueurs de ces mêmes objets mesurées dans un système dans lequel ils sont au repos. Le mouvement uniforme implique une *contraction* des distances dans la direction du mouvement.

Pour essayer de comprendre cet effet, imaginons que nous voulons mesurer la longueur d'un TGV à sa vitesse maximale de 300 km/h (trois dix millionièmes de la vitesse de la lumière). Supposons que la longueur du TGV avant son départ – au repos – est de 300 m. J'avoue ne pas savoir si cela est la bonne valeur, mais comme les appels téléphoniques à la SNCF sont payants, au lieu de le vérifier auprès de ce service (dit public), je préfère supposer que c'est le cas[1]. Je me place sur le trajet du TGV, en face d'un sémaphore, et je demande aux cheminots d'envoyer dans ma direction un signal lumineux vert quand le front du train passe devant le sémaphore, et puis un signal rouge quand l'arrière du train passe devant ce repère. L'idée de la mesure est simple : j'obtiendrai la longueur du train en multipliant sa vitesse par le temps écoulé entre l'arrivée du signal vert et celle du signal rouge. Après le passage du train je constate que le résultat obtenu n'est pas 300 m, mais une valeur inférieure : 299,9999999998 m. Dans la pratique, l'inévitable inexactitude d'une mesure, appelée « erreur de

---

1. Wikipedia donne 393,72 m pour l'Eurostar et 200 m pour le TGVSE.

mesure », serait trop grande pour considérer cela comme une valeur différente de 300 m, mais puisque nous imaginons les choses, dans l'imagination la mesure a le droit d'être idéale. D'autant plus que nous savons où chercher la raison de la différence. Nous savons déjà que l'horloge du TGV ralentit par rapport à la mienne. Un moment de réflexion suffit pour se rendre compte que le temps qui s'écoule entre les signaux verts et rouges, mesuré par l'horloge des cheminots dans le TGV, est plus long que le temps qui s'est écoulé entre ces deux événements d'après *mon* horloge. Par conséquent, puisque pour moi la durée du passage du train est plus courte, il en va de même pour la longueur, qui n'est que le produit de la vitesse par cet intervalle (de temps). Dans mon repère, un train en mouvement subit une *contraction*. Si j'avais choisi à la place du TGV un vaisseau spatial de la *Guerre des étoiles* qui se déplace à très grande vitesse (dans les films, il est même question de vitesses « superluminiques », mais c'est de la science-fiction dans laquelle il y a plus de fiction que de science), l'effet serait plus important. Par exemple, un vaisseau spatial voyageant à 85 % de la vitesse de la lumière serait environ deux fois plus court qu'au repos.

Est-ce un effet réel ? Oui, comme la dilatation du temps. Il ne faut pas pour autant s'imaginer que l'on *verrait* vraiment tout objet en mouvement avec une vitesse proche de la vitesse de la lumière *rétrécir* dans la direction du mouvement. *Mesurer* n'est pas la même chose que *voir*. Ce que nous voyons est le résultat de la propagation des rayons lumineux réfléchis par une surface. La reconstruction de l'image d'un objet en mouvement est plutôt compliquée ; les images que l'on voit parfois dans des ouvrages de vulgarisation, montrant les roues des véhicules déformées en ellipses par le mouvement avec des vitesses proches de la vitesse de la lumière, ne correspondent pas à la réalité. En revanche, en *mesurant* les distances et longueurs nous constaterons leur contraction. Soulignons encore que l'effet, tout en étant réel, ne correspond pas, comme on l'a cru avant Einstein, à une interaction des corps avec une substance, en l'occurrence l'éther. Comme pour la dilatation du temps, il s'agit de l'impossibilité de donner un sens absolu à la notion de « maintenant », d'« à présent », en d'autres termes de la notion d'événements *simultanés*. De fait, le postulat de relativité d'Einstein exige une modification fondamentale des notions habituelles de l'espace et du temps. Il nécessite une forme particulière de la géométrie de l'*espace-temps*.

L'espace-temps

Cette modification ne touche qu'à certains aspects de la notion de distance. Dans le langage des mathématiques, il s'agit de la *métrique* de l'espace-temps. Nous verrons plus loin que la gravitation, absente pour le moment de notre récit, implique des changements de géométrie beaucoup plus drastiques. Nous avons vu que la constance de la vitesse de la lumière rend les notions de distance dans l'espace *et* dans le temps (la durée étant une distance dans le temps) relatives ou, plus précisément, dépendantes de la vitesse relative des repères dans lesquels se trouvent l'observateur et l'objet dont la longueur est mesurée (ou le processus dont on mesure la durée). L'« objet » en question n'est pas nécessairement un objet physique, il peut s'agir juste d'un intervalle entre deux points. Nous avons aussi constaté que les deux mesures, celle de l'espace et celle du temps, sont liées : à la dilatation temporelle correspond une contraction spatiale. Ce n'est pas surprenant, car la cause de tous ces bouleversements, la vitesse de la lumière, correspond, comme toute vitesse, à une distance parcourue pendant une durée. C'est donc une quantité qui relie l'espace et le temps.

Dans un monde relativiste, l'allongement du temps dans un système en mouvement, sa dilatation, s'accompagne d'une contraction des distances dans l'espace. Il y a donc comme un effet de « compensation » entre les deux phénomènes, le temporel et le spatial. Voilà qui suggère que pour déterminer des distances indépendantes du mouvement des observateurs, c'est-à-dire des distances (et durées) *invariantes*, il faut les considérer dans l'espace-temps. En effet, il n'y a que les *distances spatio-temporelles* qui sont invariantes.

Bien que nous ayons l'habitude de séparer le temps de l'espace, en réalité les processus physiques ont toujours lieu dans un espace à quatre dimensions (trois dimensions spatiales + une dimension temporelle) : l'*espace-temps*. En physique newtonienne, la séparation paraît naturelle parce qu'on y suppose l'existence d'un temps *absolu*, indépendant du mouvement des horloges. Or, depuis Einstein, nous avons compris qu'il n'y a pas de temps absolu. Puisqu'il est impossible de le déterminer par l'observation ou par l'expérience il n'existe pas. L'espace-temps n'est donc pas décomposable d'une façon unique en temps et espace. Cela implique une géométrie particulière : celle de l'*espace de Minkowski*, du nom du mathématicien allemand Hermann Minkowski qui a géométrisé la théorie de relativité restreinte. De certains points de vue, l'espace de Minkowski n'est pas différent de l'espace euclidien qui nous est familier : les lignes droites parallèles ne se rencontrent jamais et, ce qui revient au même, la somme des angles dans un triangle est égale à 180 degrés. Cependant, contrairement à ce qui se passe dans un espace euclidien, dans un espace de Minkowski le carré de la distance peut être négatif. La distance peut être nulle entre deux points différents. On appelle un tel espace *pseudo-euclidien*. Soulignons bien qu'il s'agit de distances dans l'espace-temps – de distances entre événements ; les distances qu'on mesure dans « notre » espace tridimensionnel restent positives. Mais elles ont le désavantage de dépendre du mouvement de l'observateur.

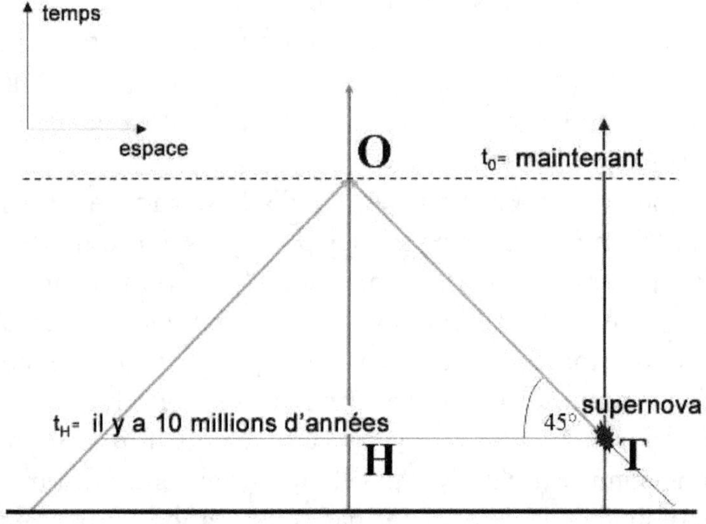

Figure 2 : Événements dans l'espace-temps – L'axe vertical correspond au temps, l'axe horizontal à l'espace. Les deux traits parallèles horizontaux représentent l'espace à deux moments ; H– dans le passé (il y a 10 millions d'années) et O– à présent (maintenant). Le trait vertical passant par O représente notre histoire, tandis que celui passant par T représente l'histoire d'une étoile massive qui a explosé en supernova il y a 10 millions d'années. Nous voyons maintenant, au moment O, la supernova telle qu'elle était il y a 10 millions d'années. Tous les événements que nous voyons à un certain moment se trouvent sur un *cône de lumière* formé par les rayons lumineux qui convergent dans notre observatoire. Les événements à l'extérieur de notre cône de lumière ne pourront être observés que dans notre futur.

La distance spatio-temporelle entre deux points différents d'un espace de Minkowski, c'est-à-dire de l'espace-temps, peut donc être nulle. Il s'agit de distances entre *événements* dont un peut avoir lieu, par exemple, sur Terre et l'autre dans une galaxie lointaine. Il s'agit donc d'endroits *et* de dates. Imaginons que nous sommes en train d'observer l'explosion d'une supernova (événement qui peut produire un trou noir) dans une galaxie qui se trouve à 10 millions d'années-lumière : la lumière que nous voyons à présent dans notre télescope a quitté l'endroit de l'explosion il y a 10 millions d'années (10 millions d'années-lumière étant la distance parcourue à la vitesse de la lumière en 10 millions d'années). Nous allons voir maintenant comment représenter cela d'une façon géométrique.

Pour simplifier les choses considérons, pour le moment, un espace-temps à deux dimensions seulement : le temps, représenté par l'axe vertical, et une des trois dimensions spatiales représentée par la direction de l'axe horizontal. L'année est notre unité sur l'axe du temps et l'année-lumière est l'unité de distance dans l'espace. L'observation de la supernova (l'arrivée dans notre télescope des photons émis dans l'explosion) est représentée par le point (l'événement) **O** et l'explosion de la supernova elle-même par le point **T**. On peut donc construire dans l'espace-temps un triangle rectangle dont l'hypoténuse correspond au trajet parcouru par la lumière de **O** à **T**. Puisque, par le choix des unités, les deux côtés perpendiculaires sont égaux, l'inclinaison du trajet de la lumière est de 45 degrés. Dans un espace euclidien le théorème de Pythagore nous dirait que le carré de l'hypoténuse est égal à la somme des carrés des deux autres côtés. L'hypoténuse de notre triangle représente un trajet de la lumière, il faut donc qu'il représente un mouvement à la vitesse de la lumière, indépendamment du système de référence dans lequel il est observé. Mais cela n'est possible que si le carré de l'hypoténuse est égal à la différence des carrés des deux autres côtés[2]. Par conséquent, la distance entre **O** et **T** est égale à zéro. Cela est une propriété générale des trajets lumineux dans l'espace-temps de Minkowski : leur longueur est toujours nulle. C'est la conséquence géométrique du fait que la vitesse de la lumière est indépendante des mouvements des sources et des récepteurs.

Récapitulons : dans l'espace-temps, le long des lignes droites qui correspondent à des trajets de la lumière, la distance est *toujours* nulle. Cela implique, évidemment, que la distance spatio-temporelle entre *tous* les événements que nous apercevons à un moment donné est nulle. (« Apercevoir » signifie « recevoir une information qui s'est propagée à la vitesse de la lumière ».) Si on enregistre l'explosion de la supernova sur une photo, elle y apparaîtra en compagnie de nombreuses étoiles et galaxies. Ces objets se trouvent dans différents endroits de l'Univers, mais les photons qu'ils émirent à des époques différentes réagirent simultanément – au même moment – avec l'émulsion photographique qui les enregistre. Donc, la distance spatio-temporelle, la distance invariante entre la prise de l'image et tous les différents processus d'émission, est nulle. Cela permet de remplacer la notion *relative* de simultanéité newtonienne par une notion *absolue* d'événements se trouvant sur un *cône de lumière.*

Dans notre exemple nous avons considéré un espace-temps à deux dimensions. En quatre dimensions les trajets de lumière qui arrivent au point **O** forment un *cône de lumière* tridimensionnel. (En ajoutant sur notre figure la

---

2. En géométrie euclidienne, on aurait : $[HO]^2 + [HT]^2 = [OT]^2$, tandis que dans l'espace-temps de Minkowski : $[HO]^2 - [HT]^2 = [OT]^2$.

représentation d'une dimension spatiale supplémentaire, on peut tracer un cône bidimensionnel mais, bien entendu, non un cône tridimensionnel.) Ainsi, un cône de lumière est formé par tous les trajets des rayons lumineux qui convergent dans un point de l'espace-temps. Évidemment, les rayons lumineux émis à partir d'un point forment aussi un cône de lumière. Chaque événement est donc le point de rencontre de sommets de deux cônes de lumière : l'un apporte des nouvelles du passé, l'autre les envoie vers le futur.

L'horizon

Tout signal ou objet qui arrive au même moment que la lumière mais qui est passé à l'intérieur, et non à la surface, du cône de lumière aura voyagé avec une vitesse inférieure à celle de la lumière. En revanche, *rien* ne peut nous parvenir des régions de l'espace-temps qui se trouvent à l'extérieur de ce cône. Le cône de lumière forme donc un *horizon* – au-delà duquel se trouvent les événements sur lesquels nous ne pouvons avoir aucune information, puisque pour nous atteindre celle-ci aurait dû se propager avec une vitesse supérieure à la vitesse de la lumière. Par exemple, nous ne pouvons pas savoir ce qu'est devenue l'étoile que nous voyons exploser il y a 50 millions d'années. Ou plutôt nous ne pouvons pas *voir* ce qu'elle est devenue. Heureusement pour les astronomes, en observant ce qui reste des supernovae proches (étoiles à neutrons ou trous noirs) on peut déduire ce que deviennent les supernovae lointaines (en supposant cependant qu'elles représentent le même type de processus physique, ce qui, en détail en tout cas, est loin d'être certain). L'horizon en question n'est pas absolu ; en attendant le temps nécessaire, nous finirons bien par voir la suite des événements lointains. Il existe cependant des horizons *absolus* qui recouvrent des événements que l'on ne pourra jamais voir même en attendant un temps infini. *Nous allons voir que la surface d'un trou noir est un tel horizon : de l'extérieur on ne peut jamais voir ce qui se passe à l'intérieur. Ce n'est possible qu'en présence de la gravitation.*

CHAPITRE 3

LA GRAVITATION RELATIVISTE

Le principe d'équivalence

Nous avons vu que le principe de relativité d'Einstein détermine une structure de l'espace-temps qui reflète la constance de la vitesse de la lumière et l'équivalence des systèmes inertiels. Cependant, ce nouveau monde relativiste est un monde vu par des observateurs en mouvement rectiligne et uniforme. C'est donc un monde sans gravitation ; puisque la gravitation agit sur toutes formes de matière, en sa présence *tous* les mouvements sont non uniformes. En effet, la gravitation est une force de longue portée – pour y échapper il faudrait s'éloigner à une distance infinie. C'est vrai aussi de la force électrique mais, en principe en tout cas, celle-ci peut toujours être neutralisée. Par exemple, l'action d'une charge électrique peut être annulée par l'addition d'une charge égale mais de signe opposé. Or la charge de la gravitation étant la masse, elle ne peut pas être neutralisée, car les masses négatives n'existent pas. Même les antiparticules n'ont pas d'« antimasses » mais des masses qui sont égales, en valeurs et *en signes*, aux masses des particules auxquelles

elles sont associées. Il n'existe donc pas de blindage qui protégerait de la gravitation. En effet, n'importe quel blindage subirait lui-même l'action de la gravitation... et serait lui-même une source de gravitation.

De plus, la loi de gravitation universelle dans sa forme newtonienne n'est pas compatible avec le principe de relativité, car elle exige que les interactions gravitationnelles se propagent avec une vitesse infinie, ce qui évidemment ne peut avoir lieu dans un espace-temps relativiste.

Pour construire une théorie relativiste de la gravitation il faut par conséquent accomplir deux tâches : il faut généraliser le principe de relativité aux systèmes accélérés, et il faut trouver une nouvelle loi de la gravitation universelle. Cela a été réalisé par Einstein dans sa théorie de relativité générale, qui est une théorie relativiste de la gravitation. Ce n'est que dans le cadre de cette merveilleuse description du monde que le concept d'un trou noir a trouvé un sens physique dépourvu de contradictions.

La relativité générale se fonde sur une propriété de la matière et de la gravitation connue depuis Galilée : tous les corps tombent de la même façon. Ce n'est pas évident dans la vie de tous les jours : une plume d'oiseau ne tombe pas de la même façon qu'un caillou, et en sautant d'un avion en vol il est préférable d'avoir endossé un parachute. Mais la plume, le caillou et le parachutiste ou le malheureux qui aurait oublié d'en enfiler un ne tombent pas dans le vide. Ils tombent dans l'air, qui offre une résistance à la chute, et cette résistance dépend de la nature du corps en chute. Il faut donc dire plutôt : tous les corps tombent de la même façon *dans le vide*. Ou autrement : *tous les corps en chute libre ont le même mouvement*. C'est-à-dire que sous l'influence de la gravitation, deux corps, de masse, de taille et de compositions différentes, lâchés dans le vide au même moment et à une même altitude,

Figure 3 : **Conséquences du principe d'équivalence** – À gauche :
un observateur à l'intérieur d'un ascenseur est incapable de faire la
différence entre le repos en absence de gravitation et une chute
libre. À droite : il est également impossible de faire la différence
entre le repos en présence de la gravitation et un mouvement en
accélération constante. *Localement*, la gravitation peut être soit sup-
primée, soit imitée. (Dessin : Julian Bohdanowicz.)

vont tomber ensemble, leurs vitesses augmentant à la même allure. Par exemple, on ne donne qu'un seul nombre pour caractériser l'accélération de la pesanteur : 9,8 m/s^2, parce que tous les corps sont accélérés de la même façon par la gravitation.

Ce constat fondamental, confirmé par l'expérience avec une étonnante précision, peut être exprimé en termes d'égalité des masses : *la masse inerte est égale à la masse pesante*. La notion de « masse » d'un corps possède en physique un double sens. Tout d'abord, il y a la masse *inerte* qui caractérise la résistance d'un corps à son accélération par une force – n'importe quelle force. Un corps soumis à une force est accéléré (nous utilisons le terme « accélération » d'une façon générale : une décélération est une accélération négative) et son accélération est égale à la force divisée par la masse inerte du corps. C'est une formulation newtonienne (en fait *c'est* la deuxième loi de Newton), mais une formulation équivalente existe en relativité restreinte. D'autre part, la force de gravitation qui agit sur un corps est le produit de sa *charge gravitationnelle* et de l'*accélération gravitationnelle*. La *charge gravitationnelle* joue dans la description de la gravitation le même rôle que la charge électrique dans la description des phénomènes électromagnétiques : elle caractérise la réaction d'un corps à l'action de la gravitation, à l'instar de la charge électrique, qui détermine sa réaction aux forces électromagnétiques. La charge gravitationnelle porte le nom de *masse pesante*. Tous les corps tombent de la même façon parce que leurs masses inertes sont égales à leurs charges gravitationnelles. Cela est propre à la gravitation : le rapport entre la charge électrique et la masse inerte n'est pas une quantité universelle, et l'accélération d'un corps par une force électrique dépend du rapport de sa masse inerte à sa charge électrique.

Le principe d'équivalence dit *faible* (on parlera plus tard du principe *fort*) *postule* l'égalité de la masse inerte et de la masse pesante, il transforme donc le constat d'une propriété observée en un postulat théorique. Les conséquences sont énormes. Pour les saisir, nous allons prendre l'ascenseur. Celui d'Einstein.

L'ascenseur d'Einstein

L'ascenseur d'Einstein joue le rôle principal dans une « expérience de pensée » classique. Vu ce que l'on va faire avec cet appareil il faudrait plutôt parler d'un véhicule spatial, surtout que tout le monde a vu à la télévision des astronautes et des objets en état d'apesanteur dans un tel engin. Mais comme il s'agit bien d'une expérience de pensée, nous allons rester dans un ascenseur. Dans ce type d'appareils, il n'y a pas d'ouverture qui permettrait de voir ce qui se passe à l'extérieur. Le physicien enfermé dans la cabine, auquel nous demanderons de déterminer le caractère du mouvement de l'ascenseur, ne peut donc que compter sur des expériences internes.

Pour commencer, l'ascenseur se trouve en chute libre dans sa cage. Remarquons en premier lieu que d'après le principe d'équivalence la chute du physicien est identique à celle de l'ascenseur ; par conséquent, il ne constate aucun mouvement relatif par rapport aux parois de la cabine. Il sort donc de sa poche un stylo et le lâche doucement. Le principe d'équivalence nous dit que le stylo, lui aussi, restera au repos par rapport au physicien. Même si le stylo est lancé dans une direction quelconque, son mouvement sera perçu par le physicien comme un mouvement *uniforme*. Par conséquent, un physicien en chute libre, sans accès au monde extérieur, constatera qu'il se trouve dans un système inertiel, c'est-à-dire dans un système sur lequel n'agit aucune force. De son point de vue, il n'y a pas de gravitation ; elle a été annulée. L'égalité de la masse inerte et pesante implique qu'un système en chute libre est en état d'apesanteur. C'est ce que nous voyons à la télévision quand tout semble flotter à l'intérieur de la capsule spatiale.

Maintenant, sans en informer le physicien, on déplace l'ascenseur loin de toute masse – à l'« infini ». Notre malheureux chercheur ne verra, évidemment, aucun changement dans les mouvements du stylo ni d'aucun autre objet. Les deux expériences démontrent qu'un système en chute libre est équivalent à un système inertiel.

Nous allons voir bientôt qu'il faut ajouter à ce constat l'adverbe « localement », c'est-à-dire « pendant pas très longtemps » et « pas trop loin ». Mais nous n'avons pas encore terminé nos expériences avec l'ascenseur.

Maintenant, le physicien se trouve – pour une fois – dans une situation normale, dans sa cage et à l'arrêt, autrement dit au repos. Là les choses sont simples : le stylo tombe, tandis que le physicien, retenu par le plancher de l'ascenseur, ne bouge pas, et détecte la présence de l'attraction gravitationnelle. Du moins, il croit détecter la présence de la gravitation.

Nous ramenons ensuite l'ascenseur à l'« infini », mais cette fois-ci il est pourvu d'un moteur qui va le transformer en fusée. Nous ajustons la poussée du moteur pour que l'accélération de l'ascenseur-fusée soit constante et égale à la pesanteur terrestre. Il est évident qu'aucune expérience à l'intérieur de la cabine, maintenant en mouvement accéléré, ne pourra distinguer cet état de mouvement d'un repos en présence de la gravitation. Donc, un système en accélération constante est équivalent à un système au repos en présence de la gravitation.

Retenons bien ces deux conséquences du principe d'équivalence, ou de l'égalité des masses inertes et pesantes : la gravitation peut être soit annulée – par la chute libre –, soit imitée – par une accélération constante.

Le principe d'équivalence
fort et ultra-fort

En présence de la gravitation – et elle est *toujours* présente – il n'existe pas de mouvements uniformes, il n'y a donc pas de systèmes inertiels. Cependant, le principe d'équivalence permet de les remplacer, au moins localement, par les mouvements en chute libre : mouvements accélérés uniquement par la gravitation. Dans un système en mouvement uniforme les expériences internes au système ne détectent pas le mouvement ; la même chose est vraie, localement, dans des systèmes en chute libre. En énonçant cette proposition nous avons supposé plus que ne le permet le principe d'équivalence *faible*, qui ne concerne que les conséquences directes de l'égalité des masses inertes et pesantes. En déclarant que les chutes libres sont (localement) équivalentes aux mouvements uniformes nous postulons que *toutes* les lois de la physique sont les mêmes dans les deux classes de systèmes. Ainsi, on suppose que dans un système en chute libre la vitesse de la lumière est toujours constante et invariable, que les équations de l'électromagnétisme ne changent pas, etc. En d'autres termes, on postule la validité locale de la relativité restreinte en présence de la gravitation. Il s'agit alors de ce qu'on appelle le principe d'équivalence « fort ». Le principe qui étend l'équivalence à la gravitation elle-même porte parfois le nom de principe « ultra-fort ». La théorie de relativité générale d'Einstein est fondée sur ce dernier principe. D'autres théories relativistes de la gravitation sont possibles, mais les expériences physiques et les observations astronomiques favorisent clairement la théorie d'Einstein. Cependant, il faut toujours garder en mémoire qu'il n'existe pas d'expériences parfaites ; ce n'est donc qu'à un certain niveau de précision que l'on peut affirmer que la relativité générale est *la* théorie de la gravitation. Ce niveau est suffisamment élevé pour que nous puissions dire avec confiance que *les trous noirs sont à la fois des objets prévus par la relativité générale et des objets réels*. Mais, avant d'arriver aux trous noirs, le lecteur devra encore patienter, pour se familiariser un peu plus avec le monde étrange de la relativité générale.

La vraie gravitation

Mais où est donc passée la gravitation ? Il semblerait que le principe d'équivalence permette de l'annuler ; pourtant nous parlons d'elle comme d'une force réelle. En réalité, nous n'avons annulé que le *poids*. La meilleure façon de perdre du poids est de se mettre en chute libre. Quand nous montons sur une balance, elle nous pèse grâce au fait qu'elle est posée à la surface de la Terre ; embarquée dans la navette spatiale, elle serait, comme tout le monde, dans un état d'apesanteur et ne servirait a rien. Puisque la force de gravitation qui correspond au poids peut être annulée ou simulée par un mouvement accéléré approprié, elle n'est pas une « vraie » force. Mais comme nous l'avons déjà souligné, l'accélération ne peut imiter qu'une gravitation *uniforme*. En réalité, une telle gravitation n'existe pas vraiment, mais seulement dans une expérience de pensée. Il existe toutefois une manifestation de la gravitation dans un système en chute libre qui ne peut pas être annulée. Il s'agit des forces qui sont dues aux non-uniformités de la gravitation. Sur Terre ces forces, comme l'avait déjà com-

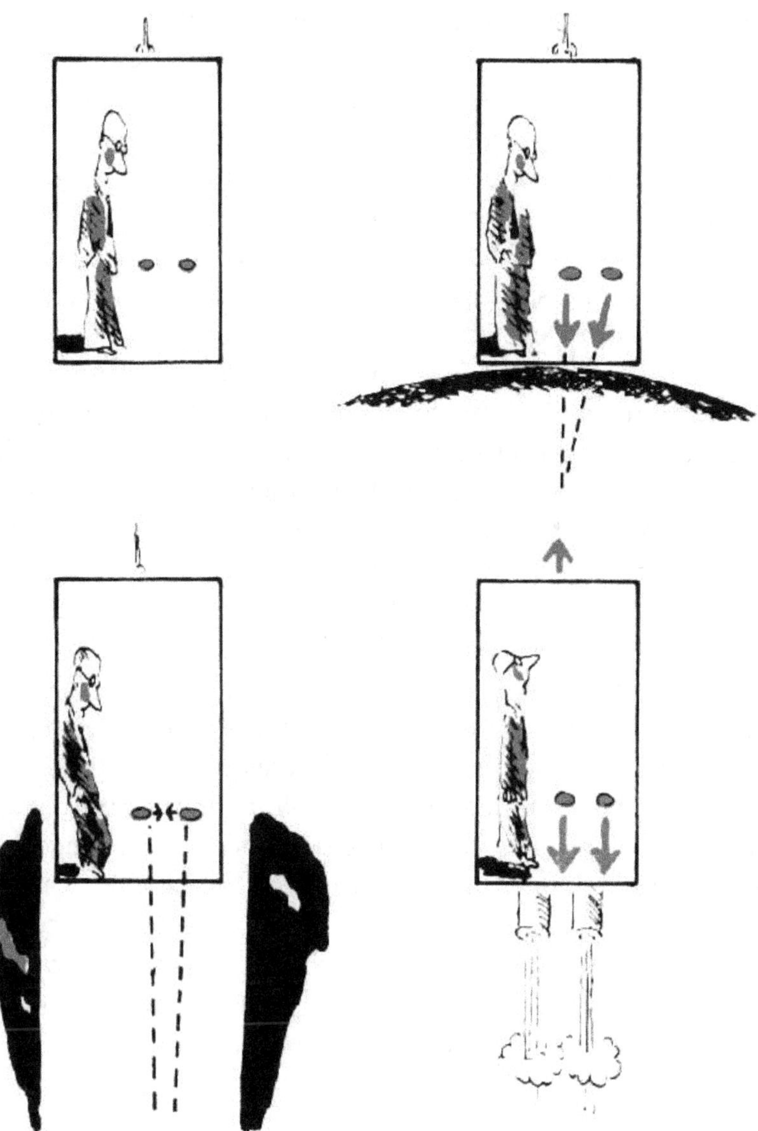

Figure 4 : **La vraie gravitation** – Les forces de marée. En suivant le mouvement de *deux objets* l'observateur constate qu'en présence de la gravitation les objets se rapprochent, tandis qu'en son absence leurs trajectoires restent parallèles. (Dessin : Julian Bohdanowicz.)

pris Newton, produisent les marées ; elles sont donc connues sous le nom de *forces de marée*. On peut dire, en simplifiant un peu les choses, que les marées sont produites par la différence entre l'attraction gravitationnelle que la Lune exerce sur la face de la Terre la plus proche d'elle et la face opposée (donc plus éloignée). Il s'agit là d'un effet *non local*, car il concerne une différence de distance. Pour l'illustrer, pour la dernière fois, faisons appel à notre ascenseur expérimental.

Nous retrouvons notre physicien dans l'ascenseur en chute libre, mais cette fois-ci il a sorti de sa poche un second stylo, qu'il place à côté du premier. Évidemment le second stylo tombe comme le premier. Mais, puisque la gravitation de la Terre n'est pas uniforme, les corps en chute libre (verticale) tombent le long des droites qui se rencontrent au centre de la Terre, et par conséquent se rapprochent les uns des autres. Le physicien va donc observer le rapprochement des deux stylos et en déduira qu'il est en chute libre et non « à l'infini ». En effet, dans le même ascenseur placé loin de toutes sources de gravitation, les stylos resteraient immobiles l'un par rapport à l'autre. (Il va de soi que dans notre expérience de pensée nous négligeons l'attraction gravitationnelle mutuelle des deux stylos.)

De même, dans l'ascenseur au repos sur la surface de la Terre, le physicien observera la convergence des trajectoires des deux stylos, tandis que dans un ascenseur en accélération constante les deux stylos resteront parallèles.

Certains moyens permettent donc de faire la différence entre une chute libre et le mouvement uniforme, mais ils sont *non locaux*. Les vraies forces gravitationnelles sont les forces de marée et non de la pesanteur, qui, elle, peut être annulée ou imitée.

Le décalage vers le rouge

Nous avons vu que l'universalité de la vitesse de la lumière, son indépendance de la vitesse du système dans le lequel la lumière est soit émise, soit absorbée impliquent entre autres que les marches d'horloges identiques dans deux systèmes en mouvement relatif sont nécessairement différentes, que ces horloges retardent « mutuellement » et ne peuvent être synchrones. Nous allons voir maintenant que la gravitation affecte aussi la marche des horloges qui se trouvent au repos les unes par rapport aux autres. De même que les différences des rythmes des horloges en mouvements uniformes relatifs imposèrent une notion inhabituelle de la distance dans l'espace-temps, les différences de marches entre des horloges au repos impliquent qu'en présence de la gravitation l'espace-temps est courbe. Dans la théorie de relativité générale d'Einstein, cela s'exprime sous la forme d'une « égalité » : gravitation = géométrie.

Tout commence avec le décalage vers le rouge de la fréquence des photons quand ceux-ci se propagent dans la direction contraire à celle de l'attraction gravitationnelle, c'est-à-dire vers le haut. Nous allons construire par la pensée une simple machine qui va illustrer l'inévitabilité de ce processus – qui, *poussé à son extrême, est à l'origine du phénomène du trou noir.* La machine en question est une noria dans les godets de laquelle nous allons placer des atomes spécialement préparés. Nous aurons aussi besoin de quelques miroirs, que nous allons supposer être des réflecteurs parfaits et très massifs, c'est-à-dire nous supposerons qu'ils réfléchissent la lumière sans perte d'énergie et sans recul. Dans la partie droite de la noria (qui sera la partie montante), nous plaçons des atomes d'hydrogène (nous choisissons cet atome parce que c'est l'atome le plus simple et cela ne change rien à l'argument) dans leur état énergétique le plus bas : l'état dit « fondamental ». Puisque l'atome d'hydrogène ne possède qu'un seul électron, celui-ci se trouve dans l'état le plus bas, sur le niveau atomique fondamental.

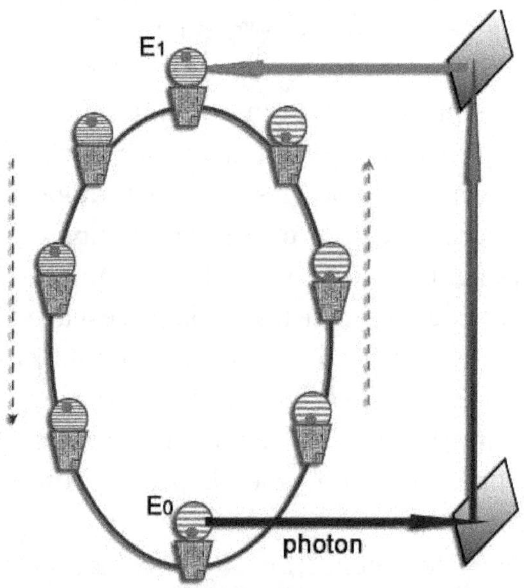

Figure 5 : Expérience de pensée – Elle démontre la nécessité du décalage vers le rouge de la fréquence des photons qui s'éloignent d'une source de gravitation. Les atomes excités descendent car ils sont plus lourds que les atomes dans l'état fondamental. Ils font ainsi tourner la noria. Les photons réfléchis vers le haut doivent perdre de l'énergie (autrement dit leur fréquence doit être décalée vers le rouge), sinon la noria produirait de l'énergie à partir de rien, violant ainsi une des lois fondamentales de la physique.

Les atomes qui se trouvent au sommet absorbent un photon qui fait passer l'électron du niveau fondamental à un niveau plus élevé de sorte que la différence d'énergie entre les deux niveaux corresponde exactement à l'énergie du photon absorbé.

Un tel atome est appelé « excité » (pour des énergies au-dessus d'un certain seuil, l'électron serait éjecté de l'atome et celui-ci deviendrait « ionisé » – dans le cas de l'hydrogène l'atome ionisé est tout simplement le proton, qui forme à lui seul le noyau atomique). Puisque l'énergie d'un atome excité est supérieure à l'énergie d'un atome dans l'état fondamental, d'après le principe d'équivalence (fort) son poids aussi sera plus grand que dans l'état fondamental. Nous trouvons donc à gauche des atomes plus lourds qu'à droite, et cette différence de poids fait tourner la chaîne de la noria. Arrivés en bas, les atomes sont désexcités (peu importe de quelle façon, on peut construire la machine de sorte qu'ils se désexcitent eux-mêmes) et les photons émis sont renvoyés au sommet par un système de miroirs (parfaits, comme nous l'avons dit), où ils serviront à exciter les atomes qui y arrivent.

Procédons maintenant au bilan d'énergie. Dénotons l'énergie de l'atome dans son état fondamental par E_0 et celle de l'état excité par E_1. Nous allons suivre le destin d'un atome particulier pendant un tour de la chaîne qui le fait revenir au sommet de la noria. Au sommet l'atome est excité, son énergie est donc égale à E_1. Au bas de la noria l'atome revient dans son état fondamental en émettant un photon dont l'énergie est égale à la différence d'énergie des deux niveaux : $E_1 - E_0$. Dans le bilan d'énergie il faut aussi prendre en compte l'énergie gravitationnelle que l'atome aura gagnée en descendant du sommet. Nous appellerons la différence entre l'énergie gravitationnelle du « sommet » et celle du « bas » ΔU (il s'agit d'une différence d'énergie par unité de masse – on obtient l'énergie d'un corps en la multipliant par la masse de ce dernier). Elle est proportionnelle à la masse de la Terre et à la hauteur de la noria. La masse de l'atome est E_1/c^2 (puisque $E_1 = m_1 c^2$). L'énergie gagnée par l'atome dans sa descente sera donc $\Delta U \, E_1/c^2$. Ensuite, l'atome revenu de nouveau dans son état fondamental remonte au sommet. Pour le faire monter il faut effectuer un travail qui correspond à la différence d'énergie gravitationnelle, c'est-à-dire $\Delta U\ E_0/c^2$. Puisque, en descendant, nous avions gagné une énergie égale à $\Delta U\ E_1/c^2$ le gain net est de $(E_1 - E_0)\ \Delta U/c^2$. Pour compléter le cycle nous allons absorber le photon réfléchi vers le haut par les miroirs parfaits, c'est-à-dire sans perte d'énergie pendant les réflexions. Il aura donc l'énergie qu'il avait en bas : $E_1 - E_0$. Nous avons donc gagné de l'énergie à partir de rien. Mais cela viole la loi de conservation d'énergie.

En effet, cette loi dit que l'énergie initiale doit être égale à l'énergie finale. Faisons donc le calcul. L'énergie finale est égale à la somme des contributions suivantes : l'énergie de l'atome E_0, l'énergie gagnée dans le cycle $(E_1 - E_0)\ \Delta U/c^2$ et l'énergie du photon, que nous appellerons E_f. L'énergie initiale étant tout simplement E_1, un calcul très simple montre que E_f n'est pas égale à $E_1 - E_0$ mais à $(E_1 - E_0)(1 - \Delta U/c^2)$. Elle est donc inférieure à l'énergie du photon émis en bas : en montant le photon a perdu de l'énergie. Cette énergie compense exactement le « gain » d'énergie que l'atome aurait obtenu en descendant et en remontant la chaîne de la noria : le photon, lui aussi, doit effectuer un travail pour pouvoir remonter au sommet. Sinon, on aurait une machine perpétuelle.

Puisque l'énergie d'un photon est proportionnelle à sa fréquence, cette perte d'énergie implique que sa fréquence aussi a diminué. Dans la lumière visible, le rouge correspond aux basses fréquences, d'où le nom de l'effet : « décalage vers de rouge gravitationnel ».

Einstein avait découvert le décalage vers le rouge gravitationnel en 1911, avant d'avoir formulé la théorie de relativité générale. Sur Terre, cet effet est évidemment minuscule : en prenant une hauteur de 22,6 m on obtient

un changement relatif de fréquence de 2,46 × 10^{-15} (ΔU est
un travail par unité de masse ; le travail est une force multipliée par une distance ; la force de pesanteur par unité de
masse, c'est l'accélération de la pesanteur, c'est-à-dire 9,8 m/s^2.
Le produit de 9,8 et 22,6 divisé par la vitesse de la lumière
au carré donne la valeur du changement de fréquence).
Toutefois, en 1960, Robert Pound et Glen A. Rebka, et plus
tard Robert Pound et Joseph L. Snider (en 1965), ont
mesuré le décalage vers le rouge de photons (il s'agissait de
rayonnement X) qui montaient au sommet d'une tour à
l'Université Harvard. La longueur de leur parcours était de
22,6 m et le décalage observé était en parfait accord (à 1 %)
avec la valeur calculée.

*Le décalage vers le rouge, qui joue un rôle fondamental
dans l'étude des trous noirs (il est infini à leur surface), est
donc une prédiction théorique confirmée par l'expérience.*

Le ralentissement
et l'arrêt des horloges

Nous venons de constater que, en présence de la gravitation, la fréquence d'un photon change avec son altitude.
Le changement de fréquence est égal au changement du
nombre d'oscillations par unité de temps, et par conséquent implique un changement du rythme des horloges.

Avant d'aller plus loin, il faut dire quelques mots sur la
structure de l'atome. Les électrons dans un atome ne peuvent pas se trouver n'importe où, ils doivent être sur des
niveaux atomiques bien déterminés, que l'on appelle tradi-
tionnellement « orbites » par analogie avec le système
solaire : les électrons seraient des planètes qui tournent
autour du noyau-Soleil. Cela dit, l'analogie est loin d'être
parfaite car la position de l'électron sur l'« orbite » n'est pas
bien définie : il y est un peu partout. Comme nous n'avons

pas l'intention de faire ici un cours de mécanique quantique, théorie qui décrit avec succès la structure atomique (mais qui agresse notre intuition plus encore que la théorie de la relativité), il suffira de savoir que les niveaux atomiques correspondent à des valeurs d'énergie différentes. Pour passer d'un niveau d'énergie inférieure à un niveau d'énergie supérieure, l'électron doit donc absorber de l'énergie ; en descendant (ou plutôt en *sautant*, car c'est un saut quantique : la descente doit se faire directement vers un niveau inférieur), il en perd. La valeur de cette énergie est bien définie : elle correspond à la différence des énergies des deux niveaux atomiques. Les électrons dans les atomes peuvent perdre ou gagner de l'énergie de plusieurs manières, en particulier en absorbant ou en émettant des photons. Ces absorptions et émissions produisent des *raies* dans la distribution d'énergie (appelée le *spectre d'énergie*) du rayonnement : l'absorption se traduit par une raie « noire » – un déficit d'énergie –, l'émission par un excès d'énergie dans le spectre – une raie brillante. Chaque raie correspond à une énergie bien précise d'un photon, c'est-à-dire à une fréquence bien déterminée. Certaines fréquences de raies atomiques sont si bien déterminées qu'elles servent d'étalon de l'unité du temps. Ainsi, la seconde est définie par la fréquence d'une raie de césium 133 : la durée d'une seconde correspond à 9 192 631 770 oscillations dont la fréquence correspond à une transition entre les deux niveaux, dits hyperfins, de l'état fondamental de l'atome de césium 133 (la fréquence égale le nombre d'oscillations d'une onde électromagnétique dans un intervalle de temps donné ; en attribuant un nombre d'oscillations à une fréquence connue on définit une unité du temps).

Ainsi, en observant le décalage vers le rouge d'un photon, on observe simultanément le ralentissement d'une horloge : l'atome émetteur. Pour s'en convaincre, plaçons deux horloges atomiques identiques à deux altitudes différentes, et comparons leurs marches en nous plaçant nous-mêmes à l'altitude supérieure. « Comparer les marches » veut dire, dans ce cas, « comparer les fréquences ». En observant l'horloge du bas, c'est-à-dire en mesurant la fréquence du rayonnement émis, nous constaterons que celle-ci est inférieure à la fréquence de l'horloge à notre niveau. Par conséquent, la durée d'un nombre fixe d'oscillations de l'onde (par exemple 9 192 631 770 si nous nous servons du césium 133) sera plus longue. Évidemment, en descendant au niveau de l'horloge inférieure on mesurera la « bonne » fréquence.

La gravitation ralentit donc la marche des horloges : vues de loin, les horloges ralentissent en se rapprochant de la source de l'attraction gravitationnelle. *Nous verrons bientôt que, observée de loin, en s'approchant de la surface d'un trou noir, une horloge retarde de plus en plus pour enfin s'arrêter de marcher.*

L'espace-temps courbe

Le principe d'équivalence a des conséquences dramatiques pour la structure de l'espace-temps : il exige que celui-ci soit courbe. Avant d'expliquer pourquoi, nous allons préciser la signification du terme « courbe ». Puisque l'espace-temps est un espace à quatre dimensions, notre imagination ne nous sera pas d'un grand secours ; il nous faudra raisonner par analogie avec des espaces de dimension inférieure. Commençons par un espace à deux dimensions, c'est-à-dire une surface. Prenons un ballon. Sa surface est courbe ou, autrement dit, n'est pas plate. Comment le vérifier ? Il est vrai que l'on peut tout simplement voir qu'un ballon n'est pas plat, mais il s'agit d'imaginer une méthode qui fonctionnera même quand on ne peut pas voir directement *de l'extérieur* si l'espace qui nous intéresse est plat ou non. Une des méthodes consiste à dessiner un triangle sur la surface du ballon et mesurer la somme de ses angles. Sur une surface plate cette somme est *toujours* égale à 180 degrés. Sur la surface d'un ballon, elle sera *toujours* supérieure à 180 degrés, ce qui est une manifestation de la courbure non nulle de la surface d'un ballon. Précisons, pour éviter des malentendus, que « plat » veut dire « à courbure nulle[1] » et non plat comme une crêpe : quand les cosmologistes affirment que l'espace tridimensionnel de l'Univers est plat, ils ne veulent pas dire que cet espace se réduit à une crêpe, mais que sa courbure est nulle – en d'autres termes, qu'il est euclidien.

Les propriétés d'un espace plat à trois dimensions ont été codifiées sous forme d'axiomes par Euclide au IIIe siècle av. J.-C. et un tel espace est appelé aussi *espace euclidien*. Un de ces axiomes, le fameux cinquième, décrit les propriétés des lignes droites parallèles, et affirme qu'elles ne se rencontrent jamais. Cet axiome (équivalent à la proposition que la somme des angles d'un triangle est égale à 180 degrés) paraît si évident que pendant des dizaines de siècles on s'est acharné à essayer de prouver qu'il ne serait pas indépendant des autres axiomes d'Euclide mais en serait une conséquence. Sans succès. Au XIXe siècle, plusieurs mathématiciens, le Hongrois Janos Bolyai, le Russe Nikolaï Lobatchevski et les Allemands Carl Friedrich Gauss et Bernhard Riemann ont démontré l'existence d'espaces tridimensionnels qui violent le cinquième axiome d'Euclide. Dans de tels espaces *non euclidiens* les lignes droites parallèles, ou plutôt leurs équivalents car il n'y a pas alors de lignes droites, se croisent toujours, et la somme des angles d'un triangle est toujours différente (supérieure ou infé-

---

1. C'est-à-dire de géométrie euclidienne.

rieure, dépendant du type d'espace) de 180 degrés. Donc, en principe, notre espace pourrait ne pas être plat, contrairement aux apparences. Gauss avait décidé de vérifier cela en mesurant la somme des angles d'un triangle dont les sommets étaient formés par trois sommets des montagnes du Harz. Il faut souligner que Gauss voulait mesurer la courbure de l'*espace tridimensionnel* et non la courbure de la surface terrestre, déjà bien connue à l'époque. Il a conclu que la somme des angles est égale à 180 degrés. Notre espace donc serait plat. Puisqu'il s'agit d'une mesure, et les mesures contiennent toujours des incertitudes, il faudrait plutôt dire que notre espace est plat dans la limite imposée par la précision des mesures de Gauss. En fait, la courbure de l'espace au voisinage de la Terre est beaucoup trop faible pour avoir pu être détectée par les moyens qui furent à la disposition de Gauss.

Dans le cas d'un espace à trois dimensions, l'utilisation de la somme des angles pour déterminer la courbure peut s'avérer peu commode, car la courbure dépendra, en général, de l'orientation de la surface choisie pour tracer le triangle. Évidemment, cela ne pose pas de problèmes dans le cas d'une surface bidimensionnelle, mais dans un espace à plus de deux dimensions, la courbure n'est pas donnée par un mais par plusieurs nombres ; six dans un espace à trois dimensions et vingt dans un espace à quatre dimensions. Néanmoins, on peut souvent se faire une idée sur la courbure d'un espace à trois dimensions en mesurant le « déficit » de longueur créé par la courbure. Dans ce but, on mesure d'abord la surface d'une sphère quelconque. Dans un espace plat, cette surface est égale au nombre π multiplié par le carré du rayon de la sphère. Pour estimer la courbure, nous pouvons définir une longueur égale à la racine de la surface que l'on aura divisée par π et calculer la différence entre cette longueur et le rayon de la sphère.

Dans un espace plat cette différence est nulle, mais dans un espace courbe elle est non nulle et correspond à une courbure moyenne. Nous nous en servirons pour comprendre la structure de l'espace autour d'un trou noir.

Courbe, mais localement plat

Cependant, même un espace dont la courbure est considérable peut être considéré comme étant *localement* plat, au même sens que la chute libre est « localement » équivalente à un mouvement uniforme. Ce n'est pas un hasard car, comme nous allons le voir bientôt, en relativité générale, cette équivalence s'interprète géométriquement comme une manifestation de la platitude locale d'un *espace-temps* courbe. On peut comprendre la notion de « localement plat » en revenant à la surface d'un ballon, ou plutôt, ce qui sera plus commode, à la surface de la Terre, qui n'est certainement pas plate.

L'hypothèse d'une Terre plate ne paraît pas totalement absurde, car sur des petites distances sa surface semble bien être plate. Certes, à première vue, elle ne paraît pas du tout plate, avec ses montagnes, vallées et autres structures géologiques ; mais on peut considérer que ce ne sont que des protubérances sur une surface plate. D'ailleurs, pour se convaincre que la Terre est plate il suffit d'aller voir la surface de l'océan qui, surtout par temps calme, est clairement plat ; on dit bien : « mer plate ». Ce n'est qu'en observant les bateaux apparaître à l'horizon, loin de nous, les cheminées ou mâts d'abord, les coques après, que l'on commence à avoir des doutes sur la platitude de la surface terrestre. Des doutes justifiés, nous le savons, car la surface de la Terre n'est plate que localement. Cela est vrai pour tout espace courbe : en chaque point d'un tel espace le voisinage de ce point est approximativement plat. Ce que nous venons de dire peut paraître peu précis, mais en fait c'est presque la définition mathématique rigoureuse de la notion de « localement plat ». En ce qui nous concerne, elle sera suffisante.

En présence de la gravitation, l'espace-temps est courbe

Plusieurs arguments prouvent qu'en présence de la gravitation l'espace-temps doit être courbe. Nous allons présenter celui qui se fonde sur le décalage gravitationnel vers le rouge. Nous avons vu que ce décalage implique que la marche d'une horloge dépend de l'altitude à laquelle elle se trouve. Essayons de tracer un rectangle dans l'espace-temps en présence de la gravitation, par exemple sur Terre. Puisqu'il s'agit de géométrie dans l'espace-temps, certains côtés du rectangle feront partie de l'espace, d'autres du temps. Prenons deux horloges, une au sol, l'autre 22 mètres plus haut. Nous voulons tracer dans l'espace-temps un rectangle qui aurait les deux côtés spatiaux égaux à 20 mètres et les deux côtés temporels égaux à 60 secondes. Nous nous apercevons tout de suite que c'est impossible : comme les marches des horloges aux deux niveaux sont différentes, l'intervalle de 60 secondes mesuré par l'horloge au sol sera plus long (les 60 secondes durent plus longtemps quand la gravitation est plus forte) que l'intervalle de 60 secondes 20 mètres plus haut. On ne peut donc pas former de rectangle dans l'espace-temps : la gravitation le rend courbe.

Cet étonnant résultat est d'autant plus remarquable qu'il est la conséquence de l'expérience de Pound, Rebka et Snider faite sur Terre, une véritable expérience, non une de pensée.

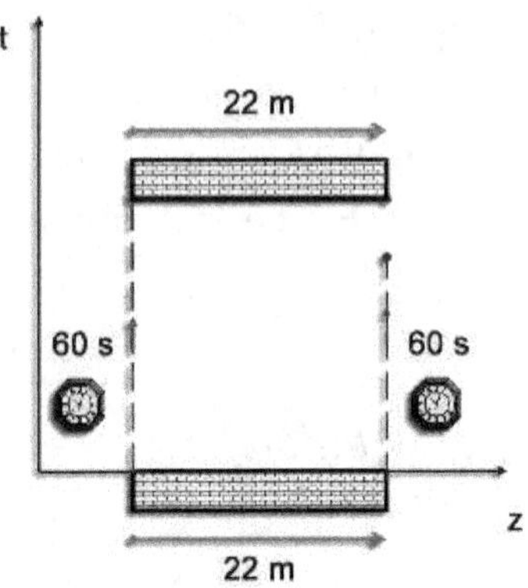

Figure 6 : **La gravitation courbe l'espace-temps** – À cause du ralentissement gravitationnel des horloges par la gravitation il est impossible de former un rectangle spatio-temporel à deux altitudes différentes : 60 secondes au sommet d'une tour de 22 mètres correspondent à une distance spatio-temporelle plus courte qu'au pied de la même tour. (Nous avons choisi la hauteur de la tour à l'Université Harvard où Pound et Rebka ont mesuré le décalage vers le rouge gravitationnel et donc le ralentissement des horloges.)

Il existe aussi une manifestation directe de la courbure de l'espace engendrée par la gravitation : la « déviation » des rayons lumineux. La théorie d'Einstein démontre que les rayons lumineux, qui en absence de gravitation (dans l'espace-temps de Minkowski) forment des lignes droites, se courbent en passant près des corps massifs. (En 1919, le célèbre astronome britannique Arthur Eddington a confirmé cet effet dans le cas de la lumière près du Soleil et c'est cette confirmation des prédictions de la relativité générale qui a transformé Einstein en star médiatique.) Le terme « déviation » de la lumière souvent utilisé pour décrire ce phénomène n'est pas correct car il suggère un espace dans lequel existeraient des lignes droites par rapport auxquelles les rayons seraient défléchis. Ce n'est pas le cas : en présence de la gravitation l'espace est courbe et les lignes droites n'existent pas ; la lumière se propage le long de trajectoires curvilignes qui sont l'équivalent des lignes droites dans un espace (-temps) courbe[2].

En courbant les rayons lumineux, les masses agissent comme des lentilles – *lentilles gravitationnelles*. Depuis la découverte, en 1987, par les astronomes français Geneviève Soucail, Bernard Fort, Yannick Mellier et Jean-Pierre Picat, d'arcs lumineux produits par des galaxies, les lentilles gravitationnelles sont devenues un puissant outil d'étude de la structure de l'Univers. Il est donc établi expérimentalement que : gravitation = géométrie.

Gravitation relativiste : la théorie de relativité générale

L'équivalence de la gravitation et de la géométrie est le fondement de la théorie relativiste de gravitation d'Einstein connue sous le nom de *théorie de la relativité générale*. Les équations de cette théorie, qu'Einstein a formulées en 1916, décrivent comment la matière détermine la courbure de la géométrie et, *en même temps*, comment la géométrie détermine le mouvement de la matière. Quand la gravitation est faible et quand les vitesses sont petites en comparaison de celle de la lumière, la théorie d'Einstein se réduit à la théorie de Newton. Autrement dit, la théorie de Newton peut être vue comme une approximation de la théorie d'Einstein.

La première solution exacte de ces équations a été découverte en 1916. Elle représente un trou noir.

---

2. Ces lignes portent le nom de « géodésiques ».

CHAPITRE 4

LES TROUS NOIRS

Après ce parcours initiatique, nous voilà arrivés enfin à notre but : les trous noirs.

Pour comprendre ce qu'est un vrai trou noir, celui prévu par la théorie d'Einstein, nous allons procéder par étapes. Nous pourrons ainsi apprécier au fur et à mesure les divers aspects de ces corps étranges. Nous allons commencer par la solution des équations d'Einstein qui représente la gravitation d'une « masse ponctuelle ». Cette solution trouvée en 1916 par l'éminent astronome allemand Karl Schwarzschild décrit en fait un trou noir. Bien que ce fût la première solution exacte des équations de la relativité générale, ce n'est qu'un demi-siècle plus tard qu'on s'est finalement rendu compte de ce qu'elle représente véritablement. Nous n'allons pas retracer cette histoire intellectuelle, par ailleurs fort intéressante, mais, guidés par les propriétés de la solution de Schwarzschild, nous procéderons immédiatement à expliquer ce qu'est un trou noir. Comme auparavant, au lieu d'écrire des formules mathématiques nous allons décrire cette solution en nous prêtant à un des exercices favoris d'Einstein : des expériences de pensée.

La solution de Schwarzschild

La solution de Schwarzschild décrit la gravitation relativiste d'une masse ponctuelle. Une masse ponctuelle est un objet mathématique représentant, comme son nom l'indique, une masse concentrée dans un point. Souvent, c'est une excellente représentation d'objets réels. Tout d'abord, la masse (donc la matière) étant concentrée dans un point, la solution décrit la gravitation dans le vide. Ensuite, cette solution possède évidemment une *symétrie sphérique* : un point est juste un point et, en absence de structure interne, son attraction est la même dans toutes les directions. Grâce à ces deux propriétés, la gravitation d'une masse ponctuelle décrit aussi celle à l'extérieur de tout objet sphérique. Par exemple, la gravitation d'une étoile sphérique est représentée par la solution de Schwarzschild[1]. La validité de cette solution n'est plus assurée sous la surface de l'étoile car la gravitation interne dépend de la distribution de la matière, mais à l'extérieur, dans le *vide* la solution de Schwarzschild représente aussi bien la gravitation d'un trou noir que celle d'une étoile. Loin de leurs surfaces respectives, l'attraction gravitationnelle est dans les deux cas strictement identique... et newtonienne. Les trous noirs ne sont pas plus des « gloutons monstrueux » que les étoiles et, contrairement à une opinion fausse assez répandue, ils ne risquent pas d'aspirer tout l'Univers. Il suffit de se tenir loin de la surface pour ne pas être plus aspiré par un trou noir que par le Soleil. C'est

---

1. Dans la plupart des cas, la gravitation des étoiles est bien décrite par la théorie de Newton et donc par une solution connue déjà de Newton mais qui est en fait une approximation de la solution de Schwarzschild pour les gravitations faibles.

en fait la surface qui fait la différence car, contrairement à celle d'une étoile, celle d'un trou noir n'est pas matérielle. C'est là que le modèle d'une masse ponctuelle prend toute sa signification car sa validité ne s'arrête pas à cet endroit.

Cartographie spatio-temporelle

Étudions donc à présent ce qui se passe autour d'une masse ponctuelle en essayant de cartographier son espace-temps. Commençons par nous en éloigner jusqu'à ce que les vitesses des mouvements déterminés par la gravitation soient très inférieures à la vitesse de la lumière. Nous sommes donc dans un régime dans lequel les lois de la gravitation de Newton peuvent être appliquées avec succès, là où il n'y a aucune différence entre la gravitation d'un trou noir et celle d'une étoile. Pour détecter les effets relativistes il faudra évidemment explorer les régions proches du centre. Nous allons confier cette tâche à d'autres.

Installés tranquillement dans ces régions lointaines, nous commençons par créer un réseau d'observatoires qui nous permettra d'explorer l'espace-temps de Schwarzschild. Dans ce but nous envoyons vers la masse centrale des astronautes volontaires – l'entreprise risque d'être très risquée pour certains – dans des fusées équipées de moteurs très puissants (ces fusées joueront aussi le rôle d'« ascenseurs » d'Einstein qui nous ont déjà permis de tirer des conséquences du principe d'équivalence). On aura auparavant attribué à ces observateurs des stations de repos à différentes distances de la masse centrale et à présent on leur demande de s'y rendre et de demeurer sur place. Soulignons qu'il s'agit de rester immobile en un point précis de l'espace et non simplement à une certaine distance du centre. Évidemment, pour rester en place les observateurs, que nous allons appeler « statiques », doivent se servir des moteurs de fusée afin de contrecarrer l'attraction gravitationnelle de la masse centrale. Nous ne savons pas à l'avance si ce sera possible partout car l'attraction gravitationnelle augmente vers le centre, ce qui peut amener les mouvements à des vitesses proches de la vitesse de la lumière. Autrement dit, la vitesse de chute libre peut s'approcher ou même atteindre la vitesse de la lumière et donc dans certains endroits il faudra mettre les moteurs vraiment à fond pour éviter de chuter, si cela est encore possible. Comme nous supposons que la poussée des moteurs sera aussi grande que nécessaire mais évidemment non infinie, rien ne garantit que le repos sera possible partout. Nous ne savons donc pas si nous pourrions couvrir tout l'espace par un réseau d'observateurs statiques.

Toutes les fusées sont équipées d'une horloge atomique standard, la même pour tout le monde, ainsi que d'une source de photons réglée à une certaine fréquence, par exemple celle qui correspond à la couleur violette. Nous nous sommes mis d'accord avec les astronautes qu'une fois installés à l'endroit convenu ils vont nous envoyer un photon toutes les cinq minutes[2]. Nous connaissons le résultat de l'expérience de Pound et ses collègues, nous savons donc à l'avance qu'à cause du décalage gravitationnel vers le rouge les photons des différents endroits, bien qu'ayant tous la même fréquence au départ, nous arriveront avec des fréquences différentes – la fréquence d'arrivée diminuant avec la distance de l'émetteur à la masse centrale. Autrement dit : plus la source se rapproche du centre, plus la fréquence de la lumière est décalée vers le rouge. Pareillement, nous serons peu surpris de voir que les photons n'arrivent pas toutes les cinq minutes, mais à des inter-

---

2. Il est maintenant possible en pratique d'envoyer des photons un par un.

valles qui s'allongent au fur et à mesure que leur source s'approche du centre.

Nous envoyons nos astronautes tour à tour, de plus en plus près du centre, et enregistrons les signaux qui nous sont envoyés. Comme attendu, le décalage vers le rouge des signaux augmente au fur et à mesure que les voyageurs s'éloignent de nous. Nous nous rendons compte après un certain temps qu'à partir d'une certaine distance nous ne recevons plus du tout de signaux. Il fallait s'y attendre aussi car, bien que nos voyageurs soient encore loin du centre, le décalage vers le rouge et la dilatation gravitationnelle deviennent de plus en plus grands ; il n'est donc pas surprenant qu'en fin de compte ils soient devenus pratiquement infinis. Il nous faut maintenant déterminer où se trouve l'endroit de décalage infini. Dans le cas newtonien, on n'a pas le choix : le seul endroit différent des autres est le centre, par conséquent, ce n'est qu'au centre que des choses inhabituelles peuvent se passer. Cela reflète le fait que dans ce cas la gravitation n'est déterminée que par une seule quantité : la masse. Dans le cas relativiste, nous avons une deuxième quantité à prendre en compte : la vitesse de la lumière qui est une constante fondamentale. Un endroit « spécial » peut donc être là où une certaine vitesse caractéristique est égale à la vitesse de la lumière.

Nous verrons cela très bientôt. Pour le moment, essayons de trouver l'endroit où le décalage vers le rouge devient infini. Cet « endroit » est une surface, une sphère entière, car la gravitation d'une masse ponctuelle ne privilégie aucun point d'une sphère : on dit que la solution de Schwarzschild a une *symétrie sphérique*. Bien entendu, il s'agit de la surface du trou noir. Sachant déjà que gravitation = courbure (de l'espace-temps), nous allons prendre des précautions pour déterminer l'endroit où elle se trouve.

Deux moyens au moins permettent de déterminer les distances qui nous intéressent. Vu la symétrie du problème nous allons nous servir de sphères. On peut soit mesurer directement le rayon d'une sphère, soit mesurer, par exemple, la circonférence d'un grand cercle (cercle dont le rayon correspond au rayon de la sphère). En géométrie euclidienne, les deux méthodes donnent le même résultat. Mais non en espace courbe.

Nous demandons à nos astronautes, avant de s'arrêter à l'endroit déterminé, de se placer sur une orbite circulaire à la distance qui leur a été attribuée. Sur orbite circulaire, leurs moteurs sont éteints : ils se trouvent en état de chute libre à une distance fixe du centre, la durée d'une orbite étant déterminée par la loi de Kepler qui dit que le carré de la période de rotation est inversement proportionnel à la masse centrale et directement proportionnelle au cube de la distance. (Il se trouve que, dans le cas d'une masse ponctuelle, la loi de Kepler est valable aussi en relativité générale.) Les astronautes nous communiquent la valeur de leur période de rotation, ce qui nous permet de déterminer leur distance du centre. Cette distance, que nous appellerons « distance keplerienne », correspond au rayon qui serait obtenu en mesurant la circonférence du cercle de l'orbite. Notre position correspond, elle aussi, à une période, et donc à une distance keplerienne ; nous pouvons par conséquent, par simple soustraction, déterminer les distances qui nous séparent des astronautes.

Nous pouvons aussi les déterminer par *télémétrie* : cela consisterait à envoyer un faisceau lumineux vers les vaisseaux spatiaux et à attendre leur retour. En multipliant la demi-durée du trajet aller-retour par la vitesse de la lumière, on obtient la distance qui nous sépare du vaisseau spatial. C'est cette méthode-là qui est utilisée par le Laser-Lune de l'observatoire de la Côte d'Azur à Grasse pour déterminer la distance Terre-Lune.

En comparant les distances kepleriennes avec les distances télémétriques, nous constatons un désaccord qui reflète la courbure de l'espace : les distances télémétriques sont plus longues que les distances kepleriennes. Évidemment, la distance télémétrique devient infinie avec le décalage vers le rouge : un photon dont la fréquence est infiniment décalée met un temps infini à revenir, c'est-à-dire qu'il ne revient jamais. On dirait donc que la surface du décalage vers le rouge infini (la surface sphérique formée par les points auxquels le décalage devient infini) se trouve à une distance infinie. Pourtant, nous-mêmes, nous nous trouvons bien à une distance finie du centre ; en cas de doutes on peut toujours mesurer la période du mouvement sur l'orbite circulaire qui correspond à notre position. Il ne nous reste alors que la distance keplerienne pour essayer de savoir où se trouve la surface du décalage vers le rouge infini.

Nous demandons donc aux astronautes de nous communiquer leurs périodes orbitales. Certes, quand ils seront très près de la surface du décalage infini, il nous faudra attendre très longtemps pour que leur réponse nous parvienne, mais s'agissant d'une expérience de pensée nous avons tout le temps qu'il nous faut. Là, une surprise nous attend : nous apprenons que passé une certaine distance, les astronautes n'arrivent plus à trouver d'orbites kepleriennes ! Ils peuvent toujours se maintenir en place en utilisant leurs moteurs, leurs messages nous arrivent toujours, mais un mouvement libre circulaire n'est plus possible. Nous reviendrons à ce problème un peu plus tard. Pour le moment, nous voulons savoir où, à quelle distance, le décalage vers le rouge devient infini. Nous demandons donc à nos astronautes de se débrouiller pour mesurer la circonférence d'un cercle qu'ils traceront en gardant une distance constante par rapport au centre. Il n'y a plus de mouvements kepleriens, mais avec un moteur puissant et des quantités de combustible illimitées ils peuvent toujours tracer des cercles. Nous pouvons trouver le rayon de leur cercle en divisant sa circonférence par 2π. Les astronautes descendent de plus en plus bas, leurs messages mettent un temps de plus en plus long à nous parvenir, et puis arrive une nouvelle tragique : l'astronaute qui a essayé de descendre un peu plus bas que le précédent a disparu sans laisser de traces ! Non seulement ses voisins l'ont littéralement perdu de vue, mais il n'est jamais revenu de son voyage. La surface du décalage vers le rouge infini est donc aussi une surface de non-retour. Les informations des astronautes nous permettent quand même de déterminer le rayon cette surface.

Nous constatons qu'il est égal au rayon du corps obscur de Mitchell et Laplace. Nous avons donc retrouvé le trou noir, mais cette fois-ci il n'y a plus de contradiction avec la relativité. La lumière (les photons) se propage toujours avec la vitesse de la lumière, donc avec vitesse constante ; mais cette propagation a lieu dans un espace qui est courbe, dans lequel sa trajectoire n'est pas une ligne droite. *La surface d'un trou noir ne correspond pas à une vitesse de libération égale à la vitesse de la lumière, mais est une surface de décalage vers le rouge gravitationnel infini.* Il se trouve que dans les deux cas on trouve la même valeur du rayon, mais cela n'est qu'une coïncidence, dans d'autres circonstances le raisonnement newtonien appliqué à la propagation de la lumière donne des résultats faux. C'est le cas pour la déviation de la lumière par une masse.

Le rayon de Schwarzschild

Le rayon d'un trou noir décrit par la solution de Schwarzschild ne dépend que de sa masse (dans le cas plus général que nous mentionnerons plus loin, le rayon d'un trou noir dépend aussi de sa charge électrique et de sa rotation). On obtient sa valeur en multipliant la masse du trou noir par une constante universelle obtenue en divisant la constante gravitationnelle de Newton, qui caractérise la force de la gravitation, par le carré de la vitesse de la lumière. Quand on exprime la masse en unités de masse solaire, le rayon d'un trou noir, que l'on appelle « rayon de Schwarzschild », est égal à $R_S = 2{,}95$ km (M/M_{Sol}) ; M_{Sol} étant la masse du Soleil. (La masse du Soleil est une unité de référence, souvent utilisée en astronomie, puisqu'elle est plus commode que le kilogramme : exprimée dans ces unités la masse du Soleil est égale à 1 et non à 2×10^{30}, la masse d'une galaxie, par exemple, à 10^{13} et non à 10^{43}, etc.) Le rayon du Soleil est donc 24 mille fois plus grand que *son* rayon de Schwarzschild ; pour en faire un trou noir il faudrait le comprimer par ce facteur. Cela n'arrivera jamais ; le Soleil terminera sa vie sous forme d'une *naine blanche*, étoile très compacte mais quand même 1 500 plus grande qu'un trou noir de la même masse.

En revanche, le rayon de Schwarzschild du proton (c'est-à-dire le rayon qu'aurait un trou noir ayant la masse d'un proton) est de $1{,}24 \ 10^{-55}$ m, ce qui est 10^{39} fois plus petit que le rayon de cette particule. Cela traduit le fait que dans le monde des particules élémentaires et des atomes les effets de la gravitation sont tout à fait négligeables. Du moins à notre époque de l'expansion de l'Univers. Dans les premiers moments du Big Bang les choses étaient peut-être différentes, mais cela est toute une autre histoire.

La surface

Regardons (dans le sens figuratif du mot) d'un peu de plus près ce qui se passe à la surface d'un trou noir. C'est la surface de décalage vers le rouge infini et de la dilatation du temps infinie. Le décalage vers le rouge correspond au travail que le photon doit faire pour vaincre l'attraction gravitationnelle ; ce travail est infini quand il s'agit de quitter la surface d'un trou noir. On comprendra mieux les choses en traçant les trajectoires de la lumière près d'un trou noir. Nous savons déjà que même le Soleil, dont l'attraction gravitationnelle est plutôt faible, dévie les rayons lumineux. Près d'un trou noir, l'effet est plus dramatique : là, même les rayons envoyés vers l'extérieur sont attirés vers le trou noir, certains n'arrivent à sortir qu'après avoir fait plusieurs tours, d'autres sont avalés et ne sortent jamais. La fraction des rayons sortants diminue quand on se rapproche de la surface du trou noir et devient exactement nulle pour un photon émis à la surface.

Que devient donc un photon émis vers l'« extérieur » à partir de la surface d'un trou noir ? Il reste sur place... et pourtant sa vitesse est toujours égale à ce qu'il faut : 299 792,458 km/s. Comment est-ce possible ? On ne peut répondre à cette question qu'en révisant, une fois de plus, les notions de l'espace et du temps auxquelles nous ont habitués la vie quotidienne et la physique newtonienne. Le premier élément de la réponse est le suivant : il est possible de « rester en place » sur une surface en étant *en même temps* en mouvement avec la vitesse de la lumière si la surface en question est tissée par des rayons de lumière. Il ne faut pas imaginer une surface comme on en voit dans des films de science-fiction, telle une toile d'araignée phosphorescente. La surface d'un trou noir est tissée de rayons lumineux qui sont invisibles si l'on se trouve en dehors d'elle. Voir une surface, c'est voir les rayons qu'elle émet (ou réfléchit). Quand ceux-ci forment son tissu, quand ils restent en surface, on ne les voit qu'en la traversant.

En fait, nous avons déjà parlé d'une surface tissée par la lumière quand il s'agissait du *cône de lumière*, formé par des faisceaux divergents (ou convergents) de rayons lumineux. Là, les choses sont simples : il y a mouvement avec la vitesse de la lumière et par conséquent expansion (ou contraction) d'une surface. La surface d'un trou noir est formée par une sorte de « cône de lumière » déformé, courbé par la gravitation. Il reste cependant un problème. Bien que nous ne soyons pas dans un espace-temps plat, il est difficile d'imaginer comment la courbure pourrait déformer le mouvement au point de l'annuler. Nous avons bien dit auparavant qu'un mouvement peut être « annulé » parce qu'il n'est qu'un état relatif à quelque chose, à un repère. L'attraction gravitationnelle peut être localement annulée par une chute libre ou imitée par une accélération. Une exception toutefois : le mouvement avec la vitesse de la lumière qui est toujours absolu. Il ne peut être ni annulé ni imité. C'est la conséquence de l'impossibilité d'atteindre la vitesse de la lumière par accélération qui est le fondement de la théorie de la relativité.

L'espace-temps qui s'effondre

Il semble que nous soyons dans une impasse, incapables de résoudre une contradiction qui a bien l'air d'être fondamentale. Il faut dire que c'est une impasse dans laquelle se sont trouvés pendant longtemps de nombreux physiciens. On a même appelé (incorrectement) la surface d'un trou noir « singularité de Schwarzschild ». Or la solution de Schwarzschild contient bien une singularité, c'est-à-dire un endroit où les équations d'Einstein ne s'appliquent plus parce que la courbure y devient infinie. Mais cette singularité se trouve *sous* la surface du trou noir. Nous verrons bientôt que la surface elle-même n'est pas singulière.

La solution du paradoxe (paradoxe apparent, comme c'est toujours le cas dans une théorie physique) survient quand on réalise que sous la surface du trou noir l'espace lui-même s'effondre. Pour dire la même chose d'une façon un peu moins dramatique, sous la surface d'un trou noir le repos est absolument impossible.

Revenons à nos astronautes, explorateurs de l'espace autour du trou noir. Nous leur avons demandé de rester au repos, chacun à une certaine distance du centre. Ils formaient ainsi une famille d'observateurs *statiques*, reflétant une des propriétés de la gravitation d'une masse immobile. En relativité générale, les masses déterminent la géométrie de l'espace : si elles sont en mouvement, l'espace l'est aussi : sa géométrie change. L'exemple le plus célèbre étant l'expansion de notre Univers : les distances entre les galaxies augmentent parce que l'espace est en expansion. Il n'y a pas d'observateur statique dans l'Univers en expansion, puisque tous les endroits sont en mouvement les uns par rapport aux autres.

En revanche, au-dessus de la surface d'un trou noir de Schwarzschild on peut toujours rester « sur place », à condition d'être équipé d'un moteur suffisamment puissant. Autrement dit, l'espace-temps y est *statique*. Cela ne veut pas dire que cet espace-temps *apparaîtra* statique à tout observateur – certains mouvements peuvent produire *l'illusion* d'une géométrie changeante avec le temps.

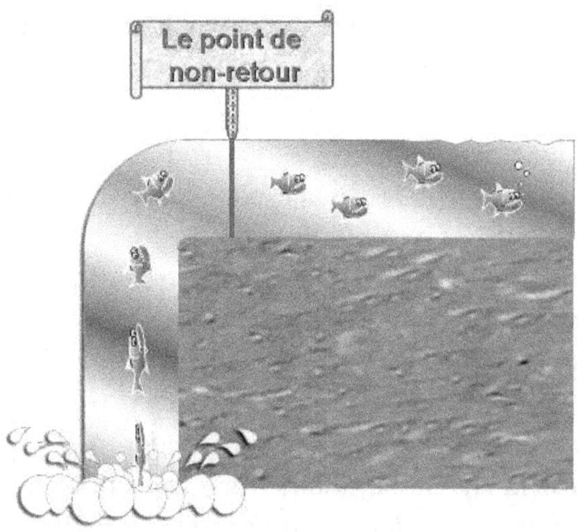

Figure 7 : Représentation de l'espace-temps près d'un trou noir : la rivière de non-retour – Les poissons représentent des particules, les « poissons-lumière » sont les poissons les plus rapides. À l'endroit marqué par le panneau *Le point de non-retour* la vitesse du courant devient égale à la vitesse des poissons-lumière : c'est l'analogue de l'horizon – surface du trou noir. En aval du point de non-retour tout poisson qui aurait le malheur de s'y trouver finit en chute libre dans la cascade et s'écrase sur un rocher qui joue le rôle de la singularité de la solution de Schwarzschild. L'analogie n'est pas parfaite : la déformation des poissons pendant la chute qui représente l'action des forces de marée ne se produirait pas dans une cascade réelle.

En arrivant à la surface d'un trou noir, le changement est dramatique : pour y *rester*, il faut se *déplacer* avec la vitesse de la lumière. C'est impossible pour tout corps dont la masse « au repos » n'est pas nulle, ce qui est certainement le cas d'un observateur. Il ne peut pas y avoir d'observateur statique à la surface d'un trou noir : c'est l'endroit où l'espace-temps de la solution de Schwarzschild cesse d'être statique. Un observateur qui voudrait rester sur place, être statique, aurait l'impression que l'espace s'effondre sous ses pieds. Non le sol, mais l'espace lui-même. Voilà la cause de la perte de l'astronaute dans notre expérience de pensée : il a essayé, comme prévu, de rester en place, mais c'était impossible.

La surface d'un trou noir est la frontière entre l'espace-temps externe statique et l'espace-temps interne dans lequel tout s'effondre. William G. Unruh, physicien canadien et l'un des pionniers de la théorie quantique des trous noirs, a conçu un petit modèle qui donne une idée de ce qui se passe près de la surface d'un trou noir. Imaginons une rivière habitée par des poissons, parmi lesquels les « poissons-lumière » sont les plus rapides. La vitesse du courant dans la rivière augmente jusqu'à ce qu'elle se transforme en cascade. À un certain endroit de la rivière, avant la cascade, la vitesse du courant devient supérieure à la vitesse d'un poisson-lumière. En amont de ce point de non-retour, les « poissons-lumière » peuvent se déplacer à contre-courant, mais en aval, tout poisson qui aurait le malheur de s'y trouver finit en chute libre dans la cascade et s'écrase sur un rocher qui joue le rôle de la singularité de la solution de Schwarzschild. Les poissons qui s'écrasent sentent déjà pendant leur chute qu'il leur arrive quelque chose d'horrible mais les mêmes poissons ne s'aperçoivent de rien en traversant le point de non-retour. En effet, il ne s'y passe rien de particulier, sauf que la vitesse du courant dépasse une certaine valeur.

Il en va de même pour les trous noirs. La traversée de la surface n'est associée localement à aucun effet physique. Un observateur en chute libre (par exemple dans un ascenseur d'Einstein) ne sentira rien de particulier en franchissant la surface de non-retour. Il restera en chute libre pendant tout le trajet pour finalement s'écraser dans la singularité. Aucune expérience ne pourra lui signaler qu'il est en train d'entrer dans un trou noir. Le principe d'équivalence garantit qu'il ne sera même pas sûr d'être vraiment en chute libre et non dans un système inertiel de la relativité restreinte. Pour établir le véritable état de son mouvement, il faudrait qu'il tente de mesurer les vraies forces gravitationnelles, c'est-à-dire les forces de marée. Il pourra mesurer leur effet, mais là encore ces forces n'ont pas de valeur extraordinaire qui permettrait de dire « maintenant, j'entre à l'intérieur d'un trou noir ». La courbure qui représente ces forces est déterminée par la masse divisée par le cube de la distance. Le rayon d'un trou noir étant proportionnel à sa masse (et ne dépendant que d'elle), la courbure spatio-temporelle à la surface d'un trou noir est inversement proportionnelle au *carré* de sa masse. Par conséquent, plus la masse est grande, plus la courbure est petite. Les forces de marée à la surface d'un trou noir d'environ 100 milliards de fois la masse solaire sont plus faibles que les forces de marée à la surface de la Terre, ce qui montre que le phénomène de trous noirs n'est pas nécessairement associé à une gravitation forte – c'est un phénomène qui produit d'énormes *accélérations*, mais peut correspondre à des forces de marée minuscules. Cela dit, les forces de marée près d'un trou noir d'environ une masse solaire sont 10^{16} fois supérieures à celles que produit la gravitation terrestre : un astronaute qui aurait l'idée de s'aventurer trop près de sa surface serait déchiqueté avant même d'entrer dans le trou noir.

En ce qui concerne la singularité à l'intérieur du trou noir, l'histoire est différente : les forces de marée y sont *toujours* énormes, indépendamment de la masse du trou noir. Formellement, c'est-à-dire si on prend à la lettre ce qu'impliquent les formules mathématiques, la courbure y est infinie.

L'horizon et les trous noirs chauves

Nous aurons remarqué que tout ce qui se trouve au-dessous de la surface du trou noir est absolument inaccessible au monde extérieur ; aucune information ne peut en sortir. Cette surface, formée par les trajectoires de la lumière dans l'espace-temps, est donc un horizon. Un horizon absolu, car il ne bouge pas ; ce qui y est caché l'est pour toujours.

La solution de Schwarzschild décrit la gravitation d'une masse ponctuelle. En fait, elle représente la gravitation à l'extérieur de n'importe quel corps sphérique. Quand le rayon d'un tel corps est inférieur au rayon de Schwarzschild, ce « corps » est aussi un trou noir puisque tout ce qui se trouve sous l'horizon doit s'effondrer. Et puisque non seulement nous ne pouvons pas voir ce qui se passe sous l'horizon (à moins de s'y rendre nous-mêmes, mais dans ce cas nous ne pourrions jamais partager notre savoir avec ceux qui sont restés à l'extérieur), mais que ce qui s'y passe ne peut influencer le monde extérieur que par l'intermédiaire de la gravitation, aucune information n'en sort jamais. Par conséquent, *toutes* les propriétés d'un trou noir de Schwarzschild sont représentées par sa masse. En général, deux autres paramètres seulement peuvent s'ajouter à la masse : la charge électrique et le « moment cinétique » qui est une mesure de la quantité de rotation d'un corps. Un trou noir ne peut donc se manifester que par sa masse, sa charge et sa rotation. Deux trous noirs ayant les mêmes masses, charges et quantité de rotations sont strictement identiques. D'après la fameuse parabole de John Archibald Wheeler, « les trous noirs n'ont pas de cheveux » (ils ne sont ni bruns, ni blonds, ni rouquins, mais tout simplement chauves). Cette étonnante propriété des trous noirs a été rigoureusement prouvée par Werner Israel, Brandon Carter et David Robinson.

Les trous noirs, objets qui font partie de l'Univers à grande échelle (de l'Univers *macroscopique*), ont donc une propriété que l'on ne trouve habituellement que dans l'Univers *microscopique*, celui des particules élémentaires. Les électrons, par exemple, sont tous identiques. Si on connaît les propriétés d'un électron on connaît les propriétés de *tous* les électrons. Deux étoiles, en revanche, même quand elles se ressemblent beaucoup, ne sont jamais identiques. Même les clones biologiques ne sont identiques à l'individu original qu'au moment de leur création ; plus tard, ils vont forcément acquérir des traits individuels. Rien de pareil pour les trous noirs ; ils n'ont aucune individualité. De plus, dans le contexte astrophysique la charge électrique d'un trou noir est facilement neutralisée par des charges opposées, qui se trouvent en abondance dans le milieu interstellaire ou intergalactique. Dans la pratique donc, les trous noirs astrophysiques sont électriquement neutres.

Rotation d'un trou noir et de l'espace.
Un trou dans l'Univers

Un trou noir en rotation est représenté par une solution des équations d'Einstein trouvée en 1963 par le mathématicien néo-zélandais Roy Kerr. La rotation, elle aussi, modifie, ou plutôt détermine, les propriétés de l'espace-temps : la rotation d'un corps qui est une source de gravitation entraîne la rotation de l'espace. C'est un effet purement relativiste ; en théorie newtonienne la rotation d'un corps n'a pas d'influence sur la gravitation qu'il produit. Comment peut-on détecter la rotation de l'espace ? Revenons encore une fois à nos astronautes et envoyons-les près d'un trou noir en rotation. On leur demandera de fermer les hublots et de manœuvrer leur vaisseau d'une telle façon qu'ils ne soient pas en rotation. C'est possible en utilisant des gyroscopes. Le principe est le même que pour le fameux pendule de Foucault : le plan des oscillations de celui-ci définit un système inertiel ; par conséquent, le fait que ce plan semble tourner démontre la rotation de la Terre. Il est difficile (et dangereux) d'arrêter la rotation de la Terre, mais c'est faisable pour un vaisseau spatial ; les astronautes savent donc que *localement* ils ne sont pas en rotation. On leur demande ensuite d'ouvrir les hublots et de jeter un coup d'œil à l'extérieur. À leur surprise (s'ils ne connaissent pas la théorie d'Einstein), ils verront que « le ciel tourne ». Les vaisseaux sont en rotation par rapport aux étoiles lointaines, dont les mouvements ne sont pas affectés par la gravitation du trou noir. L'absence de rotation qu'ils avaient déterminée était une absence de rotation par rapport à l'espace local, mais puisque cet espace est lui-même en rotation, il les entraîne dans sa giration. L'expérience spatiale Gravity Probe B de l'Université de Stanford en Californie vient de détecter cet effet (très faible dans ce cas) sur orbite autour de la Terre.

Brandon Carter a découvert une propriété encore plus surprenante des trous noirs de Kerr. Dans un trou noir de Schwarzschild rien ne peut empêcher l'écrasement dans la singularité. Mais Carter a trouvé qu'à l'intérieur d'un trou noir de Kerr il existe des chemins qui évitent la singularité et débouchent... dans un autre univers ! Les conséquences « pratiques » de cette découverte ne sont pas évidentes, mais Michael Crichton s'en est servi dans son roman *Sphère*.

Les orbites circulaires

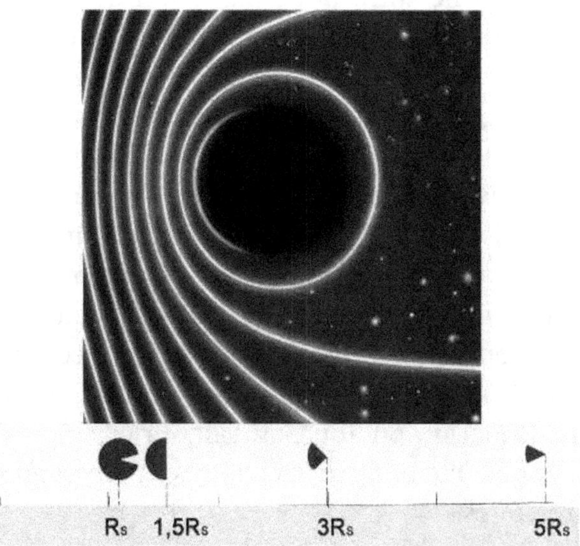

Figure 8 : La gravitation défléchit les trajets de la lumière : le cas d'un trou noir – La déflection augmente en s'approchant du trou noir – à une distance égale à 1,5 de rayons de Schwarzschild un photon peut se trouver sur une orbite circulaire. Le diagramme du bas montre la fraction des photons émis dans toutes les directions qui sont absorbés par le trou noir (partie foncée du cercle). Les autres s'échappent vers l'infini. L'orbite photonique est l'endroit où les deux fractions sont égales.

Nous avons compris qu'à de grandes distances la gravité d'un trou noir est pratiquement identique à la gravité newtonienne. Loin du trou noir il existe donc des mouvements sur orbites circulaires qui suivent la loi de Kepler, qui exprime le fait que sur une orbite circulaire la force de la gravitation est compensée par la force centrifuge. La loi de Kepler dit que la vitesse orbitale d'un corps est inversement proportionnelle à la racine de la distance à la source de l'attraction gravitationnelle. La vitesse augmente donc quand on se rapproche du trou noir, et quelque part elle deviendra égale à la vitesse de la lumière. Évidemment, bien avant ce moment fatidique les lois de Newton perdent leur validité ; il ne suffit donc pas d'écrire « vitesse keplerienne = vitesse de la lumière » pour trouver le rayon d'une telle orbite photonique. Car il s'agit bien d'une orbite sur laquelle un photon se comporte comme une planète. La théorie d'Einstein nous dit que le rayon de cette orbite se trouve à 1,5 R_S – très près du trou noir mais toujours à l'extérieur. Disons tout de suite que cette orbite est *instable* : en réalité aucun photon ne peut s'y trouver, car toute perturbation, même infiniment faible, obligerait le photon soit de plonger dans le trou noir, soit de s'échapper vers l'« infini ». Ce n'est clairement pas un horizon. Toutefois, le cercle sur lequel un photon pourrait, en principe, être une « planète » possède des propriétés très intéressantes et plutôt surprenantes.

Tout d'abord, il ne peut pas y avoir d'orbites circulaires *au-dessous* de ce cercle, car le mouvement sur une telle orbite devrait se faire avec une vitesse supérieure à la vitesse de la lumière. Cela explique pourquoi certains de nos astronautes de notre expérience de pensée n'ont pas réussi à suivre les consignes qui leur demandaient de se placer en orbite circulaire.

L'orbite du photon est un endroit surprenant. Je m'en suis rendu compte par hasard, avec mon ami Marek Abramowicz, il y a déjà plus d'un quart de siècle. Un petit calcul, dont le but m'échappe à présent, montrait que l'accélération d'un objet en mouvement sur le cercle de l'orbite photonique est indépendante de sa fréquence orbitale. Précisons les choses pour éviter les malentendus. Le cercle dont le rayon est égal 1,5 R_S n'est pas seulement l'endroit où le photon se trouve en orbite (c'est-à-dire en « chute libre circulaire » ; de plus, sans accélération, puisque les photons ne peuvent pas être accélérés), d'autres types de mouvement peuvent avoir lieu sur le même chemin circulaire. Il faut alors que leurs vitesses de rotation soient inférieures à celle de la lumière. De tels mouvements ne sont pas libres – seule la lumière est en chute libre sur cette sphère. Il faut donc faire appel à des propulseurs et en ajustant leur poussée créer la force centrifuge nécessaire au mouvement circulaire avec la vitesse voulue. Par exemple, parmi tous les mouvements possibles il y a celui de vitesse nulle, c'est-à-dire le repos. Mais notre calcul a donné un résultat qui paraissait absurde : la poussée nécessaire pour se maintenir sur le cercle photonique serait indépendante de la vitesse du mouvement. Pour tourner en rond ou pour rester en place, on aurait besoin de la même poussée. C'est comme si on pouvait être en mouvement rotatif sans sentir les effets de la force centrifuge.

Ce paradoxe apparent illustre très bien le rôle joué par la lumière dans une théorie relativiste de la gravitation. Il montre aussi qu'il existe une relation étroite entre la dynamique, c'est-à-dire les mouvements engendrés par des forces, et la géométrie. Pour s'en rendre compte il faudra nous placer dans l'univers à deux dimensions qui est la surface de la *sphère photonique* : une sphère tissée par toutes les orbites photoniques autour d'un trou noir de Schwarzschild. Dans un tel univers, les physiciens aussi sont bidimensionnels et ne peuvent voir que les événements ayant lieu à la surface. Mais « voir », c'est recevoir et enregistrer des signaux lumineux. Or, sur la sphère photonique, toutes les trajectoires de la lumière sont des cercles. Mais sur une telle sphère un physicien n'a aucun moyen de constater la courbure des rayons lumineux : de son point de vue, dans son monde bidimensionnel, les cercles tracés par la lumière sont des lignes *droites*. Dans un tube qui suit la circonférence de la sphère photonique, un rayon lumineux pourrait faire le tour du tube sans rencontrer de parois. Par conséquent, pour quelqu'un situé à l'intérieur du tube son chemin apparaîtrait comme rectiligne. Mais si tous les rayons lumineux semblent rectilignes, il doit en être de même pour des mouvements observés avec ces rayons : vus dans l'univers de la sphère photonique ils sont, eux aussi, rectilignes. Un observateur sur cette sphère ne voit que des mouvements rectilignes. De son point de vue, il n'y a donc pas non plus de force centrifuge, qui n'apparaît que dans des mouvements curvilignes. Dans cette « géométrie optique », il n'y a que des lignes droites. Les cercles sont droits. Certes, la lumière sur sa trajectoire circulaire produira des images multiples, mais un habitant de la sphère conclura qu'il a affaire à de multiples réflexions, comme s'il se trouvait entre deux miroirs.

Sur la sphère photonique, la force centrifuge est donc annulée. Cela entraîne une autre conséquence bizarre : à l'intérieur de cette sphère la force « centrifuge » devient attractive. Ce qui explique l'absence d'orbites circulaires entre la surface du trou noir et la sphère photonique : la force centrifuge agit dans le même sens que la gravité : elle *augmente* l'attraction. La gravitation peut attirer vraiment tout, même la répulsion.

CHAPITRE 5

TROU NORMAND :
LES TROUS NOIRS ET LES QUANTA

Ceux qui croient que la théorie de la relativité est difficile à comprendre et anti-intuitive ne connaissent pas la physique quantique. En relativité, on peut être surpris d'apprendre que « maintenant » peut vouloir dire aussi « hier » ou « il y a cinq milliards d'années », ou bien qu'un centimètre peut être légitimement vu comme un millimètre, mais au moins nous savons *où* se trouvent les objets que nous étudions et nous savons en principe par où ils sont passés pour arriver là où nous déterminons leurs propriétés (par exemple leur position et leur vitesse). En physique « classique », c'est-à-dire *non quantique*, la réponse à la question « où ? » est toujours « là » ; ce « là » peut dépendre du mouvement de l'observateur, mais c'est un « là » et non une réponse normande « p'têt ben là, p'têt ben à côté ». Or en physique quantique la réponse est toujours « là, avec une certaine probabilité » *et* « loin d'ici avec une certaine probabilité ». Non *ou* mais bien *et* !

Plus précisément, d'après la mécanique quantique, un système physique se trouve *en même temps* dans plusieurs états (en fait dans tous ses états possibles), tant qu'on ne le perturbe pas en déterminant ses paramètres. Il s'agit là d'une différence fondamentale entre les mondes classique et quantique. En physique classique on se sert souvent des méthodes statistiques et on exprime les résultats des mesures physiques par des probabilités, mais nous savons dans ces cas qu'*en principe* nous pouvons connaître l'état du système avec une précision absolue. Nous utilisons la description statistique d'un gaz mais les lois de la physique classique nous permettraient, en principe, de décrire le mouvement de chacune de ses molécules. Seulement en principe car, pour diverses raisons, c'est pratiquement infaisable (et sans grand intérêt) ; mais nous savons que chaque molécule de gaz a immanquablement une position et une vitesse bien définies. Ce n'est pas le cas d'un système quantique. Un électron n'a pas en même temps de position et de vitesse bien déterminées ; l'indétermination de l'une est inversement proportionnelle à l'indétermination de l'autre. Donc, en précisant la position on augmente l'« incertitude » de la vitesse. Ce *principe d'indétermination* (ce terme est préférable à celui d'« incertitude »), qui est une manifestation fondamentale des propriétés du monde quantique, s'exprime par l'inégalité de Heisenberg[1], qui établit que l'indétermination d'une quantité multipliée par l'indétermination de l'autre est au moins égale à une constante universelle qui caractérise le monde quantique : la *constante de Planck*, introduite par le grand physicien allemand Max Planck pour expliquer les propriétés du rayonnement électromagnétique[2]. C'est-à-dire que pour

---

1. L'inégalité de Heisenberg concerne la quantité de mouvement qui est une fonction de la vitesse.

2. Planck est resté longtemps sceptique sur l'interprétation quantique qu'a donnée à sa constante Albert Einstein. Par la suite, ce dernier n'a pas aimé ce qu'est devenue la mécanique quantique, qui pourtant était son enfant.

obtenir l'indétermination de la position quand on a mesuré la vitesse, il faut diviser la constante de Planck par l'indétermination de ce résultat (strictement il faut aussi diviser par la masse de la particule et par 2).

Or cette constante est très petite, ce qui implique que nous ne pouvons pas faire l'expérience directe des effets quantiques dans la vie de tous les jours (j'ai ajouté *directe*, car indirectement nous dépendons souvent des effets quantiques, par exemple quand une porte automatique s'ouvre devant nous grâce à une cellule photoélectrique). Par exemple, l'indétermination de la vitesse d'un objet pesant 1 kilogramme, dont la position est déterminée à la taille d'un électron près, ne serait que de $2\,10^{-19}$ mètres par seconde et donc complètement masquée par les mouvements thermiques des molécules qui, pour une température de 18 degrés Celsius, sont de quelques centaines de mètres par seconde. Dans le monde « classique », par exemple celui de la vie quotidienne, on ne prend pas en compte les effets quantiques. Par contre, ces effets dominent le monde à de très petites échelles : l'univers des atomes et des particules élémentaires.

Ainsi, les orbites des planètes sont décrites par les lois de Newton, mais celles des électrons dans l'atome, par les équations de la mécanique quantique. Les choses paraissent donc claires : dans le monde à grande échelle, *macroscopique*, règne la physique classique tandis que le monde microscopique est gouverné par la physique quantique. Mais où se trouve la limite entre ces deux mondes ? À quelle échelle de longueur ? Les planètes sont quant composées d'atomes, qui à leur tour sont formés par des noyaux atomiques et des électrons ; les noyaux contiennent des protons et des neutrons et les protons et neutrons, des quarks. Tout ce petit monde est gouverné par la mécanique quantique. Quand et pourquoi ces lois cessent-elles d'être valables ?

Cessent-elles vraiment de l'être ? Rien dans les lois elles-mêmes n'indique où, quand et pourquoi les équations de la mécanique quantique cessent d'être valables.

Bref, il existe une claire dualité des lois de la physique : d'un côté celles de la physique classique, de l'autre celles de la physique quantique. Comment lier les deux, quelle est la relation entre ces deux descriptions du monde ? Il n'existe pas de réponse satisfaisante à cette question, en tout cas il n'y a pas de consensus à ce sujet. La majorité des physiciens ne se sentent pas concernés par ce problème car le physicien est un être pragmatique : quand une théorie « marche » – et les théories classiques et quantiques marchent vraiment à merveille –, il a tendance à ne pas se préoccuper de questions fondamentales sans conséquences pratiques[3].

Paradoxalement, cette indifférence des physiciens est compensée par leur dextérité. Ainsi, récemment, on a créé en laboratoire des systèmes quantiques qui ont l'épaisseur d'un cheveu et donc font partie de notre monde à grande échelle (*macroscopique*). Les systèmes en question sont ce qu'on appelle des condensats de Bose-Einstein. L'existence de ces condensats avait été prévue par Einstein en 1924, mais ce n'est qu'en 1995 qu'ils ont été créés et étudiés en laboratoire. Nous parlerons du comportement des particules à très basses températures quand il s'agira d'étoiles à neutrons. Pour le moment, nous nous contenterons de mentionner que ce comportement dépend d'une quantité purement quantique : le *spin*. Le spin a les propriétés d'un moment angulaire (quantité de rotations) mais, à la différence de celui-ci, il peut prendre non seulement des valeurs

---

3. Einstein, quand on lui a demandé pourquoi les curés semblent plus s'intéresser à la théorie de relativité que les physiciens, a répondu : « Car les ecclésiastiques s'intéressent aux lois de la nature tandis que, souvent, cela n'est pas le cas des physiciens. »

entières : 0, 1, 2, etc. ; mais aussi des valeurs demi-entières : 1/2, 3/2... Toutes les particules de l'Univers se divisent en deux familles distinctes : les bosons et les fermions. Les bosons, qui doivent leur nom au physicien indien Satyendranath Bose (c'est en approfondissant l'idée de Bose qu'Einstein avait prédit l'existence de condensat d'atomes), ont des spins entiers, tandis que les fermions (sur lesquels nous reviendrons plus tard), nommés d'après le grand physicien italien Enrico Fermi, ont des spins demi-entiers. Pour une raison qui n'est pas facile à comprendre cette différence des valeurs du spin entraîne des comportements très différents. À basses températures, les bosons s'agglomèrent dans le même état d'énergie (le plus bas) et forment *une* particule quantique. Les états d'énergies des fermions sont, au contraire, strictement à « occupation single ».

Les condensats de Bose-Einstein obtenus dans le laboratoire sont composés d'atomes à très basses températures. Ce sont des gaz très, très froids. Nous sommes habitués à ce que deux gaz mis dans le même récipient se mélangent ; leur mixture est aussi un gaz. Or deux condensats de Bose-Einstein mis en contact ne se mélangent pas, ils interfèrent ! C'est-à-dire que, dans certains endroits, les atomes disparaissent et que, dans d'autres, ils s'accumulent. Ainsi se manifeste le fait que les condensats sont des systèmes quantiques : la matière se comporte comme une onde, comme l'avait compris le jeune Louis de Broglie dans sa thèse de doctorat. Sauf que de Broglie parlait d'un seul électron, tandis que là il s'agit non d'un ou de quelques, mais de centaines de milliers d'atomes qui forment un objet macroscopique. Et pourtant, c'est un objet quantique, un objet flou.

Le monde quantique est en effet un monde flou. Bien qu'on parle d'« orbites » électroniques dans l'atome, l'électron n'a pas de position précise dans son mouvement autour du noyau. Son état est représenté par une « fonction d'onde » qui ne permet que le calcul de la probabilité de le trouver à un certain endroit. Car il n'est jamais vraiment à un endroit précis. Pour déterminer le mouvement d'un corps sur une orbite, il faut connaître sa position et sa vitesse. C'est possible pour une planète mais, à cause du principe d'indétermination, ce n'est pas possible pour un électron. Le flou se résorbe donc, se focalise à une certaine échelle, mais nous ne sommes pas sûrs de comprendre comment. Ou, pour être plus précis, nous n'arrivons pas à nous mettre d'accord sur cette question. Il est clair, en tout cas, que la théorie classique n'est pas simplement une approximation de la théorie quantique, comme l'est, par exemple la mécanique newtonienne par rapport à la théorie de relativité d'Einstein. Le précipice qui sépare les physiques classique et quantique est le plus profond dans le cas de la gravitation : il n'existe toujours pas de théorie quantique de la gravitation, malgré les efforts de plusieurs générations de physiciens et non des moindres. Aujourd'hui, la théorie dite des *supercordes* a l'ambition (pour le moment c'est plutôt l'ambition de ses auteurs) d'être la théorie unifiant toutes les forces et donc de contenir la théorie quantique de la gravitation. La théorie des supercordes, cette « superthéorie », appelée aussi « théorie M », est un impressionnant produit de l'esprit humain mais sa complexité est telle que la place de la gravitation quantique dans cet édifice imposant n'est toujours pas bien établie. Certains « cordistes » pensent que ce problème est résolu, mais chaque fois que j'ai eu l'occasion de les interroger sur le sujet j'ai obtenu des réponses que j'ai trouvées peu satisfaisantes et plutôt floues. On peut bien admettre que la théorie d'Einstein « n'est qu'une limite à basses énergies (ou faible couplage) » de la théorie M, mais on aimerait plus de précisions, par exemple voir les équations qui deviennent les équations d'Einstein dans une limite appropriée.

Bref, il n'existe toujours pas de théorie quantique de la gravitation. Et d'ailleurs, en a-t-on vraiment besoin ? Après tout, la mécanique quantique n'a pas été créée pour des raisons philosophiques ou esthétiques mais pour donner une explication à des phénomènes physiques devant lesquels la théorie classique était désarmée. Ce n'est pas le cas de la gravitation. Dans toutes les expériences et toutes les observations, on peut très bien se passer de la gravitation quantique. Quand il s'agit des mouvements des corps célestes et en général de l'univers macroscopique, la description quantique, comme nous l'avons déjà dit, ne s'applique pas. D'autre part, dans le monde microscopique des atomes et des particules élémentaires, la gravitation, à cause de sa faible intensité, peut être totalement ignorée. En effet, dans un atome d'hydrogène par exemple, le noyau (c'est-à-dire le proton) attire l'électron avec une force électrique qui est 10^{36} fois plus grande que l'attraction gravitationnelle. Les forces dites « fortes » et « faibles » qui gouvernent les interactions nucléaires sont toutes les deux beaucoup plus puissantes que la gravitation à courtes échelles. La puissance de la gravitation ne se manifeste que quand les masses sont grandes et les charges électriques, faibles, c'est-à-dire dans l'univers macroscopique. On pourrait donc se dire que la gravitation quantique est inutile. Ce serait rassurant car, comme nous venons de le dire, sa théorie n'existe pas.

Cependant, tout n'est pas parfait dans le monde de la gravitation classique. La théorie d'Einstein tombe en panne dans au moins deux circonstances. D'après la théorie de relativité générale, l'expansion de l'Univers commence, et l'effondrement en trou noir se termine, dans une *singularité*. Souvent il faut se méfier de la nomenclature des physiciens et ne pas la prendre au sens littéral, mais là il s'agit bien de singularités, c'est-à-dire d'une anomalie. Des quantités physiques, d'ordinaire mesurables, telles la densité ou la courbure de l'espace, prennent des valeurs infinies dans le point singulier[4]. Or la physique a horreur de l'infini réfugié dans un point. Non de l'infini en général, car par exemple l'infini de l'espace n'a rien de choquant pour un physicien, mais de l'infini des quantités physiques qui devraient être mesurables. Il est vrai que pendant longtemps les physiciens se sont bien accommodés d'une vitesse de la lumière infinie, mais celle-ci au moins n'apparaissait ni dans les équations ni dans les solutions. Puis, ils ont compris qu'il ne s'agissait que d'une approximation : la vitesse de la lumière n'était pas vraiment infinie ; elle n'était que beaucoup plus grande que les vitesses auxquelles ils étaient habitués. Il y a des cas plus sérieux. La force électrostatique « au centre » d'un électron (il s'agit de la force avec laquelle il agit sur lui-même) est infinie en théorie classique. Ce n'est que dans l'électrodynamique quantique que le problème de la force infinie est résolu. On peut ne pas aimer la procédure qui sert à s'en débarrasser car elle est mathématiquement un peu suspecte, mais le résultat est spectaculaire. L'électrodynamique quantique est la théorie physique la mieux testée ; l'accord entre ses prédictions et l'expérience est d'une extraordinaire précision, jamais atteinte dans d'autres domaines de la physique.

Les infinités gravitationnelles ne sont pas visibles directement. Celles des trous noirs sont recouvertes par l'horizon tandis que la singularité cosmologique se cache derrière l'opaque rideau du rayonnement primordial. D'après l'hypothèse du célèbre mathématicien anglais Roger Penrose, toutes les singularités seraient cachées par un

---

4. Ou même dans un anneau, comme cela est le cas pour la singularité à l'intérieur d'un trou noir de Kerr.

horizon, mais ce « principe de censure » reste toujours à prouver. Cependant, ce n'est pas une raison suffisante pour ignorer le problème de la singularité et celui de la défaillance de la théorie d'Einstein. Tout d'abord, avec l'évaporation (quantique) des trous noirs, que nous allons aborder par la suite, se pose le problème de savoir ce que devient la singularité. Et puis, on ne peut pas se débarrasser facilement de la singularité cosmologique. Visible ou non, elle a laissé une trace très visible : notre Univers. On pense que la théorie qui dans les conditions extrêmes doit remplacer la théorie d'Einstein est une théorie quantique de la gravitation. On peut s'en convaincre par un simple raisonnement que nous allons présenter maintenant.

Nous n'allons pas essayer de savoir pourquoi cette théorie devrait être quantique, mais tenter de déterminer le régime dans lequel la gravitation pourrait devenir quantique. Nous savons déjà que cela n'est le cas ni dans notre monde macroscopique ni dans celui des atomes et particules élémentaires. Mais les singularités avec leurs propriétés extrêmes n'appartiennent ni à l'un ni à l'autre de ces deux mondes. Il nous faut trouver l'échelle à laquelle la gravitation devient quantique. La longueur qui caractérise le mieux le monde quantique est la longueur (d'onde) dite « de Compton », du nom du physicien américain Arthur Compton, qui a été le premier à observer le changement de longueur d'onde (et donc d'énergie)[5] que subit un photon en heurtant un électron[6]. Dans cet *effet Compton* le changement de longueur d'onde après collision est toujours pro-

---

5. Dans son expérience, Compton avait en fait mesuré un changement de quantité de mouvements.

6. Le processus dans lequel les photons gagnent de l'énergie en diffusant sur ses électrons, appelé en astrophysique « effet Compton inverse », est une source importante du rayonnement de haute énergie émis par les sources célestes.

portionnel à une longueur qui s'obtient en divisant la constante de Planck par la masse de la particule diffusante et la vitesse de la lumière. Pour l'électron la *longueur Compton* est égale à 0,0024 nanomètre.

Ainsi, en diffusant des photons sur une particule, on détermine sa dimension caractéristique. Bien qu'ayant son origine dans la diffusion des photons sur les électrons, la longueur Compton caractérise la taille des objets quantique en général car elle incarne le principe d'incertitude, le fondement même du flou quantique. En effet, quand les longueurs d'onde d'un photon et la longueur de Compton d'une particule sont égales, l'énergie du photon est égale à l'énergie de masse de la particule. Les photons avec une longueur d'onde plus petite, donc plus énergétiques, vont créer, en diffusant, des paires de particules-antiparticules. Mais puisque voir c'est irradier (envoyer des photons), cela implique que l'on ne peut pas voir plus petit : la longueur Compton représente la taille (quantique) d'un corps.

Revenons à la gravitation. Si elle est quantique, elle devrait l'être à l'échelle qui correspond à la longueur Compton d'un objet purement gravitationnel. Nous ne connaissons qu'un seul objet de ce genre : le trou noir. Un trou noir dont le rayon est égal à sa longueur Compton devrait être un objet quantique. Gravitationnel et quantique. À l'instar de la longueur Compton, son rayon ne dépend que de sa masse et des constantes de la physique (vitesse de la lumière dans les deux cas, constante de Planck pour la longueur Compton, constante de Newton pour le trou noir). En égalisant les deux longueurs, on trouve une masse, dite « de Planck », qui peut être considérée comme celle d'un trou noir quantique. Cette masse est universelle car elle ne dépend que de trois constantes fondamentales de la physique. Elle est énorme pour un objet quantique : 22 microgrammes. C'est la masse de certaines puces (non électroniques mais insectes) et donc une masse macroscopique. Toutefois la longueur de Planck (la taille d'un trou noir quantique) correspond à un monde que l'on pourrait même qualifié de « sous-quantique » car il s'agit d'une longueur d'environ 10^{-35} m. Plus de 20 ordres de grandeur plus petite que la « taille » (la longueur d'onde Compton) d'un électron ! L'unité de temps qui correspond à cette distance divisée par la vitesse de la lumière est de $5 \cdot 10^{-44}$ secondes. En effet donc, s'il y a gravitation quantique elle se manifeste à des échelles où la théorie d'Einstein pourrait bien cesser d'être valable. Et pourtant, d'après Stephen Hawking, les effets quantiques se manifesteraient à des échelles beaucoup plus importantes. Avec des effets dramatiques pour les trous noirs.

CHAPITRE 6

DES TROUS NOIRS ET DES QUANTA

*Les trous noirs
ont-ils une température ?*

Un trou noir absorbe tout et n'émet rien. Cette simple propriété s'avère avoir des conséquences étonnantes et profondes que les physiciens n'ont toujours pas réussi à comprendre jusqu'au bout. La première conséquence de l'insatiabilité d'un trou noir est que sa surface ne diminue jamais. Elle reste constante si on le laisse tranquille mais, dès que le trou noir absorbe quoi que ce soit, elle ne peut qu'augmenter. Il faut souligner qu'il s'agit d'augmentation de surface et non d'énergie (ou masse). C'est que, rappelons-le, un trou noir peut avoir deux sortes d'énergie : celle de sa masse et celle de sa rotation. La première est irréductible tandis que la seconde peut être réduite à zéro en freinant la rotation. Or le carré de la masse irréductible d'un trou noir est proportionnel à sa surface (car, rappelons-le, son rayon est proportionnel à sa masse). Évidemment, dans le cas d'un trou noir immobile la masse irréductible est tout simplement égale à sa masse totale.

La surface d'un trou noir est donc une quantité qui ne décroît jamais. Les physiciens connaissent bien une autre quantité qui a la même propriété. Il s'agit de l'*entropie*, qui caractérise l'état du désordre d'un système. Plus le désordre est grand, plus grande est l'entropie. Nous pouvons diminuer l'entropie sur notre table de travail en rangeant les livres et les papiers, et en général l'activité humaine tend à créer l'ordre à partir du désordre, mais dans les systèmes « naturels », laissés à eux-mêmes, le désordre prend finalement toujours le dessus : l'entropie augmente. En thermodynamique, branche de la physique qui décrit les propriétés thermiques et mécaniques des systèmes tels que les machines et moteurs, mais aussi les étoiles, une formule mathématique, dite *seconde loi de la thermodynamique*[1] (la première exprime la conservation de l'énergie), relie, en fonction de la température du système, la variation d'entropie à celle de l'énergie et au travail impliqué dans un processus physique. *A priori*, tout cela n'a rien à voir avec un trou noir, qui représente l'ordre presque parfait car toutes ses propriétés sont définies par sa masse et son moment angulaire (et sa charge, le cas échéant). On ne voit donc pas trop pourquoi on aurait besoin d'une quantité décrivant un quelconque désordre. Cependant, les physiciens sont toujours attirés par les analogies, qu'ils semblent découvrir entre divers processus ou mécanismes. Ce fut aussi le cas de celle entre la surface des trous noirs et l'entropie.

Tout d'abord on a trouvé que la variation de la surface d'un trou noir peut s'exprimer sous forme analogue à celle de la seconde loi de la thermodynamique, la surface du

____

1. La seconde loi (appelé aussi « second principe ») de la thermodynamique affirme que toute transformation d'un système thermodynamique s'effectue avec entropie non diminuante.

trou noir jouant le rôle de l'entropie, le travail étant représenté par l'énergie de rotation et l'énergie étant naturellement la masse. Dans le cas de ces trois quantités, l'analogie est plutôt évidente. Cela n'est pas le cas de l'équivalent de la température, qui s'avéra être représentée par l'accélération gravitationnelle à la surface du trou noir[2]. Quelle relation entre l'accélération de la gravitation et la température ? Puisque, malgré leur propriété commune de non-diminution, on peut avoir des doutes sur la pertinence de l'analogie entre la surface et l'entropie, cette question sans réponse peut faire douter de l'intérêt de la relation présumée entre la physique des trous noirs et la thermodynamique. Cela n'avait pas découragé le physicien israélien Jacob Bekenstein qui, jeune doctorant à Princeton, dans sa thèse définit l'entropie des trous noirs et formula les lois de la thermodynamique correspondantes. Il ne s'agissait plus d'analogie. Bekenstein démontrait que l'entropie d'un trou noir représente sa surface mesurée en unités du carré de la longueur de Planck et donc établissait un lien entre les trous noirs et la physique quantique.

On peut se demander s'il se rendait compte de l'énorme influence qu'aurait sa découverte. Mais à l'époque sa proposition suscita des doutes chez les physiciens. Si on devait traiter sérieusement la notion de l'entropie d'un trou noir, donc de sa température, on butait sur une difficulté fondamentale : tout objet auquel on peut attribuer une température rayonne. Or un trou noir est un parfait absorbeur et le pire des émetteurs car il n'émet rien. Par définition. La seule valeur de température que l'on devrait pouvoir lui attribuer est zéro.

---

2. Plus précisément, il s'agit de l'accélération décalée vers le rouge : l'accélération sur l'horizon est bien infinie, mais le décalage vers le rouge aussi et les deux se compensent donnant une valeur finie.

Le rayonnement de Hawking

Parmi les sceptiques se trouvait un jeune physicien anglais, le maintenant très célèbre Stephen Hawking. En bon physicien, pour étudier le problème, il a décidé de faire un calcul qui révélerait comment un trou noir interagit avec le rayonnement. Il ne pouvait s'agir, bien entendu, que d'un calcul dans le cadre de la physique quantique car le contexte classique (non quantique) ne pouvait cacher aucun mystère. Un trou noir « classique » ne rayonne pas, un point c'est tout. Mais, dans le cas quantique, où tout devient flou, les choses pourraient être différentes. Après tout, si une particule peut se trouver *en même temps* ici *et* là-bas, ne pourrait-elle se trouver en même temps à l'extérieur *et* à l'intérieur de l'horizon, permettant peut-être ainsi à un trou noir de rayonner ?

Hawking a démontré que, d'un point de vue quantique, un trou noir rayonne comme un corps dont la température est celle postulée par Bekenstein[3]. Paradoxalement, ce résultat illustrait encore une fois le peu d'intérêt qu'a la description quantique du monde macroscopique. En effet, la température d'un trou noir varie comme l'inverse de sa masse. Pour une masse solaire, elle n'est égale qu'à un millionième de degré Kelvin. Autant dire que les trous noirs d'intérêt astrophysique ne rayonnent pas, ne serait-ce que du fait que la température du rayonnement de fond cosmologique qui remplit l'Univers est plus d'un million de fois plus élevée (3 degrés Kelvin) et donc en réalité les trous noirs absorbent des photons plutôt qu'il ne les émet.

Il est néanmoins certain que la découverte de Hawking a un intérêt fondamental et son impact sur les idées de la

---

3. La température de Bekenstein n'était déterminée qu'à un facteur près. Hawking trouva que ce facteur est égal à 1/4.

physique contemporaine ne peut être surestimé. Avant d'en parler, nous allons essayer de l'expliquer dans les termes les plus simples possibles.

Pour cela, il nous faut revenir au principe d'indétermination et poser une question d'apparence très simple : qu'est-ce que le vide ? On serait tenté de répondre que le vide est un état dans lequel il n'y a rien. « Espace qui n'est pas occupé par de la matière », comme dit le dictionnaire. Pour un physicien une telle réponse sera satisfaisante si on définit la façon de tester cette absence de matière. Or, à l'échelle microscopique, celle du monde quantique, cela n'est pas simple, car les relations d'indétermination ne permettent pas de s'assurer avec précision de la vacuité d'un état étudié. Comme pour la vitesse et la position, il existe une relation d'indétermination entre l'énergie et le temps. Celle-ci permet une non-conservation de l'énergie pendant un temps très court. Plus l'énergie est grande, plus le temps pendant lequel elle n'est pas conservée est court. Par conséquent, si on regarde le vide de très près on s'aperçoit qu'il n'est pas vide du tout. Il est plein de paires de particules et d'antiparticules qui, créées un instant, s'annihilent un (très) court moment plus tard. On les appelle « paires virtuelles ». Il semble bien que, après tout, la nature ait horreur du vide, comme le pensaient les anciens. Il ne faut pas penser que cette « plénitude » du vide n'est qu'une construction théorique imaginée dans le but de satisfaire l'insatiable imagination des physiciens. Ces processus sont observés, et cela dans les expériences les plus précises de la physique. Le principe est simple. S'il existe vraiment des paires virtuelles, alors des paires de particules chargées, tels les électrons et les positrons, devraient réagir à la présence d'une charge électrique placée dans le vide. Un proton, dont la charge est positive, placé dans le vide attire les électrons des paires virtuelles et repousse les positrons. Cela sépare légèrement les paires virtuelles et les oriente dans l'espace ; on dit que le vide devient *polarisé*. L'effet de polarisation du vide est observé dans le spectre de l'atome d'hydrogène : il modifie (très légèrement) le mouvement de l'électron qui orbite le noyau (un proton).

Il est donc bien établi que, dans le vide, des paires virtuelles apparaissent et disparaissent constamment, mais qu'elles ne se séparent jamais pour de bon, car c'est interdit par la loi de conservation de l'énergie. Que se passe-t-il en présence de la gravitation, près de la surface d'un trou noir ? Imaginons une paire virtuelle dont l'un des membres (disons l'antiparticule, mais l'argument est strictement le même dans le cas de la particule) apparaît sous l'horizon et l'autre (la particule), au-dessus. L'antiparticule sera immédiatement entraînée dans l'effondrement de l'espace et s'engouffrera dans la singularité. Elle sera donc séparée pour de bon de sa partenaire. Ainsi, près de la surface d'un trou noir, une paire virtuelle peut devenir une paire réelle. Quand la particule restée à l'extérieur s'échappe, elle est en fait émise par le trou noir. Ce processus est l'essence du rayonnement de Hawking. Et l'énergie ? Elle est conservée. Quand on fait la somme de toutes les énergies, on s'aperçoit que la masse du trou noir a diminué. L'énergie de la gravitation a servi à séparer la paire virtuelle et à créer des particules réelles, dont elle s'échappe vers l'infini.

Par conséquent, la masse d'un trou noir diminue : il s'évapore. Pour les trous noirs d'intérêt astrophysique, le temps d'évaporation est beaucoup plus long que l'âge de l'Univers[4]. De toute façon, à cause de la présence univer-

---

4. Pour un trou noir d'une masse solaire, le temps d'évaporation (qui varie comme le cube de la masse) est égal à 10^{64} ans ! L'âge de l'Univers est proche de 13 milliards ($1,3\ 10^{10}$) d'années.

selle du rayonnement de fond cosmologique, ces trous noirs-là absorbent plus de rayonnement qu'ils n'en émettent. La masse d'un trou noir dont le temps d'évaporation est inférieur à l'âge de l'Univers est d'environ 10^{11} kilogrammes (la masse d'une montagne terrestre). Si de tels trous noirs ont été formés dans les phases initiales de l'expansion de l'Univers, c'est à présent qu'ils termineraient leur évaporation dans une éruption de rayonnement de haute énergie. S'ils avaient été créés en nombres suffisant, ils devraient être observés. Or on n'en a jamais vu.

Il faut insister sur le fait que la belle et puissante découverte de Hawking n'a toujours pas reçu de confirmation observationnelle ni expérimentale. Pour le moment elle n'est qu'une hypothèse. On l'oublie trop souvent.

J'écris cela quelques semaines après l'inauguration du LHC, l'accélérateur du CERN qui, d'après certains, aurait pu créer des mini-trous noirs qui, au lieu de s'évaporer, nous auraient engloutis. Entre-temps, le LHC est tombé en panne, mais quand il reprendra son activité, nous n'aurons rien à craindre, comme l'explique Michel Cassé dans *Les Trous noirs en pleine lumière*.

Information perdue

Le rayonnement de Hawking, s'il existe, pose un problème fondamental pour la mécanique quantique. Il s'agit du fameux « paradoxe de (perte) d'information ». Fameux, parce qu'il a fait la une des journaux il y a quelques années, quand Hawking a déclaré qu'il avait changé d'avis sur le sujet. Cette bombe médiatique n'a finalement fait qu'un faible *pschitt*, mais cela ne nous empêchera pas de parler du problème, car il y en a un, et de surcroît très intéressant.

Pour commencer, imaginons donc, encore une fois, un voyage vers et dans un trou noir. Pour changer, imaginons une petite histoire de science-fiction. L'histoire nous dit qu'avant l'explosion de Krypton, la planète natale de Superman, ses parents l'ont envoyé dans l'espace, dans un vaisseau qui a terminé son voyage sur Terre. Ce qu'elle ne nous dit pas, c'est qu'en même temps ils ont aussi lancé un autre vaisseau dans lequel on avait déposé les archives kryptoniennes, qui contenaient tout le savoir impressionnant de cette civilisation avancée. Malheureusement, pendant son voyage, ce second vaisseau cosmique a été dévié de la trajectoire prévue et s'est trouvé attiré par un trou noir. (Les Kryptoniens, un peu paniqués pour des raisons évidentes, avaient commis une erreur de programmation des ordinateurs embarqués, ce qui empêchait une correction de l'orbite au moment critique.) De toute évidence, le vaisseau et toute l'information qu'il transportait ont été engloutis par le monstre[5].

Sur Terre, en grandissant, Superman a développé ses super-capacités physiques, mais, dépourvu de connaissances kryptoniennes, il a dû se contenter d'une carrière de journaliste. Alerté par un message envoyé de Krypton juste avant le cataclysme final, il savait ce qui est arrivé aux archives de sa planète natale. Il connaissait même la position exacte (dans le centre d'une galaxie proche de la nôtre) du trou noir fatidique. Comme tout le monde, il avait entendu parler des trous noirs, mais il a décidé d'obtenir des renseignements supplémentaires. Après avoir lu plusieurs articles de vulgarisation, il est arrivé à une conclusion optimiste : les archives kryptoniennes sont récupérables ! Avant de suivre son raisonnement, il faut rappeler

------

5. Dans une histoire de science-fiction, le terme « monstre » a sa place. Mais il n'est pas question qu'il se « tapisse dans sa tanière ».

deux faits importants. Tout d'abord, notre héros a beau être Superman, il ne peut pas atteindre la vitesse de la lumière. Ensuite, puisqu'il est pratiquement immortel, la durée du temps n'a pour lui qu'une valeur toute relative.

Superman avait compris qu'en restant à l'extérieur on ne voit jamais un objet traverser la surface d'un trou noir. Par conséquent, de son point de vue, le vaisseau restera toujours figé près de l'horizon. Il suffira donc d'attendre la disparition du trou noir, évaporé par le rayonnement de Hawking, pour récupérer tous les précieux documents. N'étant pas sûr de son raisonnement, il a consulté des physiciens, spécialistes de la théorie des supercordes, la fameuse « théorie de tout ». Ils lui ont parlé de dualité, couplage faible, brane-D, du principe d'holographie et d'un certain anti-De Sitter, mais il n'en a pas compris grand-chose. Le fait que, comme on le lui a expliqué, dans notre Univers à 10 dimensions, décrit par une théorie des champs conformément plate[6], rien ne peut se perdre, ne l'a pas vraiment rassuré. De passage à Paris, il est passé me voir à l'Institut d'astrophysique de Paris et m'a présenté son problème[7].

Je lui ai expliqué ce qui s'est passé. Le vaisseau a traversé la surface du trou noir sans que ses instruments à bord enregistrent une quelconque anomalie. Mais, évidemment, ce n'était pas la fin du voyage. La chute s'est terminée dans la singularité au centre du trou noir. Là, le vaisseau spatial et tout ce qu'il contient ont été broyés par d'énormes forces de marée. Le véhicule a donc été détruit, ainsi que les archives qu'il contenait. Toute information utile est donc perdue à jamais.

---

6. Le lecteur nous pardonnera de ne pas expliquer ce terme ainsi que ceux qui le précèdent.

7. En réalité, c'est M. Besinier, lecteur de *Pour la science*, qui m'a posé une question similaire après lecture de mon article publié dans cette revue.

Il est vrai que, quant à nous, nous ne verrons jamais le vaisseau spatial traverser l'horizon. Mais il ne faut pas en déduire que nous verrons le véhicule figé près de la surface du trou noir. Après un certain temps, il va disparaître, puisque la lumière (ou autre signal électromagnétique) mettra de plus en plus de temps à nous parvenir. Enfin, le signal émis au moment exact de la traversée de l'horizon ne nous atteindra jamais, parce que le temps de parcours pour ce signal (et le décalage vers le rouge de sa fréquence) est infini. De notre point de vue, le vaisseau n'est ni détruit ni resté figé au-dessus de la surface du trou noir. Il s'évanouit.

L'évaporation du trou noir ne change qu'un élément de cette description. Le rayon envoyé au moment de la traversée de l'horizon, qui dans le cas d'un trou noir « classique » ne nous parvient jamais, sera libéré quand le trou noir disparaîtra, et finira par nous atteindre. Cependant, ce signal ne contient évidemment pas d'information sur la destruction des archives. Elles ont disparu pour toujours et avec elles toute l'information qu'elles contenaient. Il y a donc eu perte d'information, car les archives kryptoniennes sont irrécupérables.

Résigné, Superman est reparti pour Metropolis et je n'ai plus eu de ses nouvelles. Il est probablement fâché, car il a dû découvrir que je ne lui avais pas dit toute la vérité.

Je ne lui ai pas dit que, bien que du point de vue de la physique classique la perte d'information ne pose pas de problème fondamental, un problème se pose quand on applique le point de vue quantique. En effet, un des principes fondamentaux de la mécanique quantique affirme que l'information est conservée tant que l'on ne perturbe pas le système dans lequel elle est encodée. L'information elle-même est sous forme probabiliste, mais elle se propage d'une façon déterministe.

Or, d'après le résultat de Hawking, fondé sur un calcul quantique, un trou noir rayonne, et de plus son rayonnement ne contient que très peu d'information, car c'est ce qu'on appelle en physique un *rayonnement de corps noir*, qui n'est caractérisé que par sa température. Donc, paradoxalement, la mécanique quantique, qui suppose la conservation de l'information, en prévoit la perte. Le paradoxe d'information apparaît donc au niveau quantique, microscopique.

La solution de ce paradoxe ne peut être trouvée que dans le cadre d'une théorie quantique de la gravitation. Or celle-ci n'existe pas.

Mais les trous noirs existent bel et bien. En tout cas, les trous noirs massifs et donc non affectés par des processus quantiques. Il est temps de passer à l'astronomie pour aborder ce sujet.

Avant de nous consacrer aux trous noirs, nous allons consacrer une digression à leurs « concurrents » : les étoiles à neutrons. Nous allons voir plus tard qu'il est souvent en difficile de faire la différence entre ces deux types d'objets compacts, mais qu'une propriété des étoiles à neutrons – l'existence d'une masse maximale – a une importance fondamentale pour l'identification des trous noirs.

Les étoiles à neutrons

Les étoiles à neutrons sont des astres morts. Elles ne participent plus au cycle infernal d'évolution stellaire. Nous allons bientôt décrire ce cycle plus en détail, et nous verrons comment certaines étoiles massives deviennent des étoiles à neutrons, tandis que d'autres, plus massives, deviennent des trous noirs. Contrairement au cas des étoiles vivantes, la pression dans une étoile à neutrons ne dépend pas de la température. La répulsion qui s'oppose à l'attraction gravitationnelle n'est plus due à l'agitation thermique des atomes ; elle est d'origine quantique. Elle résulte d'une loi qui est le fondement même de l'existence de la matière telle que nous la connaissons dans la vie de tous les jours : le principe d'exclusion de Pauli.

Comme nous l'avons dit plus haut, les particules élémentaires se divisent en deux grandes familles exclusives : les fermions et les bosons. Le principe de Pauli ne concerne que les premiers ; il affirme que deux fermions ne peuvent se trouver dans le même état quantique. Un état, un fermion. Pas un de plus.

La matière qui constitue notre monde est composée de fermions, qui sont les protons, neutrons et électrons. C'est cela qui permet l'existence des noyaux atomiques et des éléments chimiques ; par force du principe de Pauli, les électrons dans les atomes doivent être répartis sur des orbites différentes. De même, des objets tels que la Terre et les corps solides, mais aussi l'électricité, existent grâce au principe de Pauli, qui impose la diversité des formes qu'exhibe la matière et permet aux électrons exclus d'être porteurs de courant électrique.

L'exclusion en question n'est pas importante dans les étoiles vivantes : à hautes températures il y a de la place pour tout le monde, tant il existe d'états disponibles. Mais une fois l'étoile morte et refroidie, ses sources d'énergie nucléaire épuisées, les particules qui la composent ne peuvent occuper que des états de basse énergie. Finie l'agitation thermique. Tout le monde doit rester le plus calme possible. Les places sont comptées, le surnombre est interdit. Ainsi, les neutrons remplissent, à partir du bas, tous les états d'énergie, et ne peuvent être comprimés. Cela crée une pression. Mais contrairement à la pression de l'agitation thermique, celle-ci est indépendante de la température et ne dépend que de la densité. Un gaz dans un tel état est appelé « complètement dégénéré ». Dans les naines blanches, dépouilles d'étoiles peu massives, c'est la pression des électrons dégénérés qui s'oppose à l'attraction gravitationnelle.

Une étoile à neutrons typique a une masse d'environ 1,4 masse solaire et un rayon de 10 kilomètres. Elle est un peu plus que deux fois plus grande qu'un trou noir d'une même masse. Sa densité au centre est supérieure à la densité du noyau atomique, ce qui n'est pas surprenant : car bien que composée de neutrons, l'étoile, contrairement aux noyaux, est liée par la gravitation et non par les interactions dites *fortes*.

Toutefois, le nombre de fermions dégénérés qui peuvent former une étoile est limité. En augmentant le nombre de fermions, c'est-à-dire la masse de l'étoile, on augmente l'attraction gravitationnelle ; pour maintenir l'équilibre, la pression doit être augmentée. Or les particules ont beau se tasser dans les niveaux d'énergie les plus bas, plus il y en a, plus leur énergie augmente ; et finalement, par manque de places disponibles, elles sont obligées de peupler les niveaux d'énergie relativistes. Les énergies des particules deviennent très supérieures à leur énergie de masse et on arrive à un point de saturation : une fois une certaine masse critique atteinte, l'augmentation de la densité ne se traduit plus par un accroissement de pression suffisant pour compenser la gravitation. Les étoiles dégénérées n'existent pas au-delà d'une certaine masse maximale.

Pour les naines blanches, la valeur de cette masse a été trouvée en 1930 par Subrahmanyan Chandrasekhar et elle porte son nom. Elle est égale à 1,4 fois la masse solaire. Sa valeur pour les étoiles à neutrons est plus difficile à trouver, car contrairement aux électrons, qui à très grandes densités n'interagissent que très faiblement, les neutrons sont sujets à des interactions *fortes*, qui croissent avec la densité. Mais puisque les densités dans les cœurs des étoiles à neutrons sont supérieures à la densité du noyau atomique, nous n'avons pas d'informations expérimentales sur la matière dans un tel état. Toutefois, dans une étoile à neutrons de masse supérieure à 3 fois la masse solaire, la vitesse du son serait supérieure à la vitesse de la lumière ; nous savons donc qu'elle ne peut être supérieure à cette valeur.

Il existe peut-être aussi des étoiles à quarks, appelées parfois étoiles « étranges », car elles seraient composées de quarks dits « étranges ». Malgré leur nom[8], les étoiles à quarks feraient partie de la physique standard et ne seraient pas plus étranges que les étoiles à neutrons. Nous savons que les quarks dits étranges existent ; il n'est tout simplement pas prouvé qu'ils forment des étoiles. Leur statut est différent de celui d'objets littéralement étranges, dont l'existence est parfois postulée par certains physiciens comme jeu d'esprit destiné à tester les lois de la physique... et la patience des collègues. La masse maximale des étoiles à quarks est d'environ 2 fois la masse solaire, donc inférieure à celle des étoiles à neutrons.

Par conséquent, il est raisonnable de supposer que tout astre compact dont la masse est supérieure à 3 fois la masse solaire n'est pas une étoile à neutrons (ni une étoile à quarks, ou une naine blanche, bien entendu).

Est-il pour autant un trou noir ? Nous allons essayer de répondre à cette question plus tard. D'abord, nous allons expliquer pourquoi les trous noirs devraient exister.

---

8. « Étrangeté », nom plutôt mal approprié, décrit une propriété fondamentale des particules élémentaires.

CHAPITRE 7

L'ORIGINE DES TROUS NOIRS

Les trous noirs entrent en astronomie

Au début, les astronomes traitaient les trous noirs avec méfiance. Quand je dis « début », je pense aux années 1960. Avant cela, même les physiciens relativistes avaient des idées plutôt confuses sur l'interprétation de la solution de Schwarzschild. On voyait encore à la fin des années 1960 le terme « singularité » décrivant la surface du trou noir. Parmi ceux qui avaient compris la nature des trous noirs, un grand nombre ne croyaient pas à leur existence dans un monde réel. J'aimerais illustrer cet état d'esprit par un souvenir personnel qui me permettra aussi d'évoquer les idées d'Einstein sur le sujet.

À cette époque, je terminais mes études à l'Institut de physique théorique de l'Université de Varsovie, dirigé par son créateur Léopold Infeld, proche collaborateur d'Einstein avec lequel il avait écrit en 1936 *L'Évolution des idées en physique* – extraordinaire ouvrage de vulgarisation qui est encore de nos jours un succès de librairie. Cet éminent physicien dirigeait de main de fer le séminaire hebdomadaire de l'Institut. La devise de ces réunions proclamait : « Il n'y a pas de questions stupides – il n'y a que les réponses qui peuvent l'être. » Elle avait pour but d'encourager les interventions des participants (surtout les étudiants, qui souvent n'osent pas poser de questions par peur du ridicule), mais pouvait avoir des conséquences redoutables pour l'orateur. J'ai ainsi vu des professeurs (beaucoup plus jeunes que le maître) se faire renvoyer (uniquement du séminaire, ils ne perdaient pas leur travail) par Infeld d'un sec : « Monsieur, vous n'avez pas préparé votre présentation. » C'est donc avec effroi qu'un jour j'ai accepté (n'ayant pas le choix) sa proposition de présenter aux membres du séminaire les arguments contradictoires d'Einstein et de Robert Oppenheimer sur la formation des trous noirs et d'établir lequel des deux avait raison. Les deux articles en question avaient été rédigés en 1939. Il est inhabituel pour un physicien de lire un article écrit il y a plus de vingt ans. Contrairement au philosophe ou à l'historien, le physicien ne lit pas les classiques – il préfère des monographies ou articles plus récents qui décrivent la dernière incarnation d'une théorie physique et, évidemment, les derniers résultats expérimentaux ou observationnels. Cependant, en 1965, le statut incertain des trous noirs (qu'on n'appelait d'ailleurs pas encore « trous noirs ») était suffisamment flou pour que l'étude d'articles anciens puisse apporter de la lumière sur leurs propriétés et, dans le cas des deux articles en question, sur leur formation.

Je n'arrivais pas à comprendre les arguments d'Einstein. Il construisait des séquences de « coquilles » de matière, dont le rayon, d'après lui, devait être toujours supérieur au rayon de Schwarzschild. Je ne comprenais pas pourquoi cela empêcherait la formation d'un trou noir, surtout qu'Oppenheimer et son thésard Hartland Snyder décrivaient dans leur article la formation d'un trou noir par effondrement d'une étoile qui n'arrivait plus à contrecarrer l'attraction gravitationnelle par sa pression interne. C'était la première description d'un effondrement gravitationnel vers un trou noir – processus auquel nous reviendrons plus tard. De plus, la formule qui décrivait l'effondrement était une solution des équations d'Einstein. C'était donc, d'une certaine façon, Einstein contre Einstein. Ma conclusion était nette : Oppenheimer avait raison contre Einstein... grâce à Einstein. Je prévoyais quelques difficultés avec Infeld, qui vénérait Einstein et ne portait pas dans son cœur le « père de la bombe atomique », mais je me trompais. Le grand homme a accepté mes conclusions avec un sourire bienveillant (« donc dans ce cas-là Einstein avait tort ») et m'a remercié pour ma présentation. J'ai découvert ainsi qu'Infeld, très sévère avec les professeurs, était indulgent envers les chercheurs débutants. (J'ai appris plus tard que ce n'était pas le cas d'Oppenheimer qui, pendant les séminaires à Princeton, aimait éreinter les jeunes orateurs.)

Cette anecdote reflète bien l'état des connaissances sur les trous noirs dans les années 1960, mais trois découvertes commençaient déjà à changer les choses. Trois nouveaux types d'objets, auparavant inconnus, venaient d'être observés dans l'Univers : les pulsars radio, les sources binaires X et certaines sources radio qui avaient été identifiés avec des objets, qui tout en ayant un aspect stellaire, n'étaient clairement pas des étoiles – les objets « quasi stellaires » qui porteront plus tard le nom de « quasars ». Le premier pulsar radio a été observé fin novembre 1968 ; la première source X extrasolaire a été vue par Riccardo Giacconi en 1962 ; les sources radio « quasi stellaires » avaient été trouvées déjà en 1960. Tandis que la nature de ces dernières ainsi que celle des sources X étaient incertaines et sujettes à controverse, on a vite compris que les pulsars radio sont des étoiles à neutrons magnétisées en rotation rapide. Des étoiles à neutrons et non pas des trous noirs, mais l'effet psychologique de cette découverte était immense.

Pulsars

Jusqu'à la découverte des pulsars, les étoiles les plus compactes connues étaient les naines blanches – étoiles mortes, état final de la vie de certaines étoiles. Or, grâce au travail de Subrahmanyan Chandrasekhar, on savait depuis 1930 que la masse d'une naine blanche ne peut pas dépasser la limite de 1,4 fois la masse solaire. Le destin des étoiles plus massives que la masse de Chandrasekhar était donc incertain. La plupart des astronomes pensaient que les étoiles massives se débarrassent de leur « excès » de masse et terminent leur vie sous forme de naines blanches. Effectivement, les étoiles massives perdent une partie de leur masse sous forme de « vent stellaire ». Apparemment, il était plus facile de croire que le processus de perte de masse « connaît » la masse de Chandrasekhar que d'admettre l'existence d'une évolution alternative qui faisait appel aux trous noirs et aux étoiles à neutrons. Pourtant, les étoiles à neutrons – étoiles très denses composées de neutrons – avaient été imaginées en 1934 (deux ans seulement après la découverte du neutron par James Chadwick !) par deux astronomes et non des moindres : Walter Baade et Fritz Zwicky.

Baade était un des plus grands observateurs du XXe siècle. On lui doit surtout la découverte de populations stellaires et des sources radio extragalactiques. Il avait commencé sa carrière en Allemagne, mais dans les années 1930 il travaillait au mont Wilson en Californie, site du plus grand télescope au monde (le « 2,5 mètres » avec lequel Edwin Hubble découvrit l'expansion de l'Univers) ;

plus tard, il observait au Palomar avec le « 5 mètres » qui, en 1949, détrôna le télescope du mont Wilson. Le Suisse Zwicky, qui travaillait au California Institute of Technology (Caltech), était aussi un astronome éminent, remarquable surtout par ses idées originales et précurseur. C'est lui qui a décelé le problème de la masse manquante dans les galaxies et compris que les objets extragalactiques peuvent agir comme lentilles gravitationnelles – deux sujets qui préoccupent toujours un grand nombre d'astrophysiciens. Baade et Zwicky avaient en commun une passion pour les supernovae. En fait, ils étaient les premiers à comprendre que certaines des étoiles auxquelles on donnait communément le nom de « novae » (étoiles « neuves »), car elles apparaissaient soudainement dans le ciel, sont beaucoup plus lumineuses que les autres. Ils les ont donc appelées « supernovae[1] ». Dans la phrase qui termine leur communication sur les « Supernovae et les rayons cosmiques », présentée pendant une conférence à Stanford en décembre 1933 (dont le résumé a paru en janvier 1934 dans la *Physical Review*), Baade et Zwicky suggèrent que les supernovae représentent une transition entre une étoile ordinaire et une étoile à neutrons. Le raisonnement qui les mène à cette conclusion est loin d'être rigoureux et les nombres qu'ils avancent ne sont qu'à moitié corrects, mais ils ont raison – ils ont compris que pendant l'explosion d'une supernova l'énergie libérée est comparable à la masse d'une étoile ordinaire, telle que le Soleil, divisée par le carré de la vitesse de la lumière ; ils disent que cette masse est « annihilée ». Bien qu'ils semblent prendre quelques précautions, on ne peut qu'admirer leur audace et leur perspicacité. L'audace était probablement celle de Zwicky. Il est

---

1. Aux États-Unis, c'était l'époque des premiers supermarchés, et de Superman.

vrai que Baade parlait déjà en Allemagne, en 1927, de *Hauptnovae* (novae « principales ») ; c'est donc lui qui est derrière les supernovae, mais les étoiles à neutrons, c'est du Zwicky. Baade n'en a jamais reparlé ; d'ailleurs, il a cessé de parler à Zwicky, les deux hommes s'étant brouillés, certainement à cause du Suisse, réputé pour son affreux caractère. Baade est mort en 1960, avant la découverte des étoiles à neutrons. Zwicky, quant à lui, a pu voir le triomphe de son idée.

Tout d'abord, l'idée de Baade et Zwicky n'a pas eu beaucoup de succès. Peut-être parce que Robert Oppenheimer, cette fois-ci avec un autre collaborateur, George Volkoff, étudia les propriétés des étoiles à neutrons dans le cadre de la relativité générale et trouva un résultat surprenant : il y avait aussi (comme prévu ; nous en parlerons bientôt en détails) une masse maximale pour ces corps célestes mais elle s'avéra être inférieure à la masse de Chandrasekhar. Donc, comme le disaient Oppenheimer et Snyder dans leur article sur l'effondrement gravitationnel, une étoile qui garderait jusqu'à sa mort une masse l'empêchant d'expirer en naine blanche devrait s'effondrer en trou noir par manque d'alternative. Hypothèse que beaucoup trouvèrent extravagante – plutôt fruit de l'imagination immodérée des physiciens relativistes que possibilité réelle. Quoi qu'il en soit, les étoiles à neutrons et les trous noirs, en tant qu'objets astrophysiques, ont été oubliés pendant trente-cinq ans.

La découverte des pulsars les tira de cet oubli en démontrant clairement l'existence de corps célestes beaucoup plus compacts que les naines blanches. En effet, seules les étoiles à neutrons fortement magnétisées et en rotation rapide peuvent former l'extraordinaire fanal qui envoie des impulsions radio (et parfois optiques, X et γ) extrêmement rapides que nous observons sur Terre. Seulement une sphère de matière nucléaire, massive comme le Soleil, mais dont le diamètre n'a que 20 kilomètres, peut confiner un champ magnétique de plus de 10 milliards de teslas et tourner sur elle-même 100 fois par seconde. (Évidemment les trous noirs, n'ayant pas de champ magnétique, ne peuvent pas produire de signaux périodiques.)

Paradoxalement, à première vue la confirmation de l'existence des étoiles à neutrons pouvait faire douter de celle des trous noirs, car elle semblait invalider l'argument d'Oppenheimer et de Snyder sur l'inévitabilité de l'effondrement d'une étoile massive vers un trou noir. Toutefois il était déjà clair à l'époque que le modèle d'étoile à neutrons d'Oppenheimer et de Volkoff était trop simple dans sa description de la matière neutronique et il a été vite établi que la masse maximale d'une étoile à neutrons est proche de 3 fois la masse solaire. Le chemin vers les trous noirs restait donc toujours ouvert.

Quasars

La découverte des quasars était directement liée aux trous noirs, mais les astronomes ont mis un certain temps pour s'en apercevoir – ou plutôt pour accepter le modèle proposé en 1964 par Edwin Salpeter aux États-Unis et Iacov Zeldovitch en Union soviétique (indépendamment l'un de l'autre), d'après lequel la source d'énergie des quasars est la chute de matière sur un trou noir supermassif[2]

---

2. L'idée que la gravitation est la source d'énergie des radiogalaxies avait été émise avant la découverte des quasars par un autre astrophysicien soviétique, Joseph Shklovsky. Shklovsky avait un don « prémonitoire » extraordinaire : il avait compris que le centre de la nébuleuse du Crabe contient un accélérateur d'électrons, avant la découverte des pulsars.

(le nom qu'on donne aux trous noirs d'une masse supérieure à un million de fois la masse solaire).

D'abord, en 1960, les quasars étaient simplement des « objets radio quasi stellaires », car dans le troisième catalogue de sources radio compilé à Cambridge en Angleterre, ils ne correspondaient pas, comme on en avait l'habitude, à des galaxies mais, observés par des télescopes optiques, formaient sur les clichés photographiques des points comme les étoiles. Cependant leurs spectres n'étaient pas stellaires, d'où le préfixe « quasi ».

On a vite compris que les pulsars radio se trouvent dans notre Galaxie, mais l'incertitude totale sur la distance des quasars dura trois ans, jusqu'au jour où Marteen Schmidt, astronome hollandais travaillant en Californie, établit que les raies spectrales du quasar 3C 273 (la source numéro 273 dans le troisième catalogue de Cambridge) étaient très fortement décalées vers le rouge (vers des longueurs d'onde plus grandes). Il avait identifié quatre raies brillantes (raies d'émission) comme faisant partie de la série de Balmer qu'émet un atome hydrogène. Les longueurs d'onde de cette série obéissent à une simple loi (la formule de Balmer) dont les tentatives d'interprétation sont à l'origine de la théorie quantique de l'atome. Les cinq raies suivaient donc la loi de Balmer, mais les longueurs d'onde étaient décalées vers le rouge par 15,8 %.

Trois hypothèses pouvaient expliquer ce déplacement des raies. Il pouvait s'agir d'un décalage gravitationnel de raies émises à la surface d'un corps très compact – le même effet que Pound et ses collaborateurs ont mesuré à Harvard, mais ici l'objet en question devait être beaucoup plus compact que la Terre pour causer un décalage aussi important.

Ensuite, les raies pouvaient être décalées par le mouvement de la source, qui – par exemple suite à une explosion – s'éloigne de nous à grande vitesse. Des décalages de raies dans les spectres des étoiles proches avaient été déjà observés au XIXe siècle et expliqués par leurs mouvements par Hippolyte Fizeau. Cependant, en dehors de la France, l'effet lui-même porte le nom de Christian Doppler (*effet Doppler*), qui l'avait remarqué mais en avait donné une interprétation erronée. Ainsi, il n'est pas nécessaire d'avoir raison pour devenir célèbre. Parfois il suffit d'être intéressant.

Enfin, le décalage vers le rouge pouvait être le résultat de l'expansion de l'Univers découverte par Edwin Hubble dans les années 1920. La loi qui porte son nom dit que le décalage vers le rouge du spectre d'une galaxie est proportionnel à sa distance de l'observateur. Donc, d'après cette hypothèse, les quasars seraient des objets très lointains : ils se trouveraient à des distances cosmologiques, à des centaines de millions d'années-lumière.

C'est la dernière hypothèse qui s'est avérée être la bonne. Les deux autres n'ont pas tenu la route très longtemps. En ce qui concerne le décalage gravitationnel il a été éliminé par manque d'objets crédibles qui expliqueraient les propriétés des quasars. Quant à l'effet Doppler-Fizeau, il posait un problème fondamental. On observe, par exemple, que quand une étoile s'éloigne de l'observateur (vitesse négative), ses raies spectrales sont décalées vers le rouge, et inversement : quand elle s'en rapproche, sont spectre est décalé vers le bleu (hautes fréquences). Or, s'il s'agissait d'une explosion ou autre processus qui dispersait les sources à haute vitesse, il était pratiquement impossible d'expliquer pourquoi on observe uniquement des décalages vers le rouge et jamais des décalages vers le bleu qui seraient dus à des mouvements dans notre direction.

Le décalage vers le rouge cosmologique (lié à l'expansion de l'Univers) implique non seulement d'énormes distances mais, puisque la luminosité varie comme le carré de la distance, aussi des puissances gigantesques : les quasars seraient 100 fois plus puissants (plus lumineux) qu'une grande galaxie. De plus, on s'est aperçu que la lumière des quasars est variable : elle varie comme si on allumait et éteignait rapidement des centaines de milliards de Soleils. Cependant, vu la rapidité des variations, il ne pouvait s'agir que d'un seul objet, non de plusieurs. L'objet lui-même devait être très compact car sa taille ne pouvait être supérieure au produit du temps de la variabilité et la vitesse de la lumière. L'hypothèse de Salpeter et Zeldovitch était finalement justifiée : les quasars contenaient des objets massifs et compacts, qui ne portaient pas encore de nom.

Ce n'est qu'en 1968 que l'on a commencé à les appeler « trous noirs ». On attribue la paternité de ce nom au physicien américain John Archibald Wheeler, mais lui-même, dans ses mémoires, nous apprend qu'il n'a pas retenu le nom de celui qui lui a soufflé cette appellation pendant un cours qu'il donnait à l'automne 1967. Parlant d'un « objet complètement effondré gravitationnellement », il remarqua qu'il faudrait enfin trouver un terme plus court. Quelqu'un dans la salle demanda « pourquoi pas "trou noir" ? » et Wheeler, qui cherchait depuis des mois un terme approprié, comprit immédiatement qu'il avait enfin trouvé. Il a bien introduit le terme en physique, mais il n'en est pas l'inventeur. Celui-ci reste anonyme.

Il n'y a qu'en France, semble-t-il, que le terme « trou noir » a été jugé inapproprié[3]. Ainsi, dans la préface de l'excellent recueil des cours donnés en 1972 à la célèbre école d'été de physique des Houches, on peut lire : « Après de nombreuses discussions avec les spécialistes de la ques-

---

3. Il faut dire que, aux États-Unis, le grand physicien Richard Feynman taquinait son ami et ancien directeur de thèse Wheeler au sujet de ce nom. Malgré les protestations de ce dernier, il lui attribuait des intentions et pensées obscènes.

tion, l'expression "Astres occlus" a semblé la plus adéquate compte tenu des propriétés de ces objets et de ses dénominations dans d'autres langues. » Cette noble tentative a fait long feu.

Évolution stellaire :
la force du destin

Le destin d'une étoile est de devenir un objet compact : naine blanche, étoile à neutrons ou trou noir. C'est sa nature même qui la prédispose à ce triste sort qui transformera un corps chaud et brillant en une dépouille très dense et très froide ou même, si l'étoile s'effondre en trou noir, la fera disparaître de notre Univers en ne laissant qu'une sorte de fantôme attractif. La cause première de cette fin de vie compacte est la propre gravitation de l'étoile, qui tente de la comprimer. La résistance à cette compression est fournie par la pression du gaz dont l'étoile est composée. La gravitation « tire » tandis que la pression « pousse » et quand ces deux actions se compensent exactement, l'étoile est en équilibre. C'est en analysant de plus près les propriétés de cet équilibre que nous allons comprendre pourquoi les étoiles brillent et pourquoi elles sont vouées à terminer leur vie sous forme d'objets compacts.

Il est utile d'étudier l'équilibre d'un corps, ou d'un système, en déterminant son énergie totale, c'est-à-dire la somme de toutes ses formes d'énergie. Une étoile est une boule de gaz chaud maintenue par sa propre gravitation. Elle possède donc deux sortes d'énergie : celle de l'attraction gravitationnelle et celle des mouvements des particules du gaz chaud, c'est-à-dire une énergie thermique. En parlant de la vitesse de libération (voir le chapitre premier), nous avons vu que l'énergie gravitationnelle est négative et que l'énergie totale d'un corps se mouvant à la vitesse de libération est nulle. En revanche, les orbites liées, comme celles de la Lune ou d'un satellite artificiel autour de la Terre, ont des énergies négatives : cela veut dire qu'il faudrait apporter de l'énergie (exécuter un travail) pour arracher le corps orbitant à l'attraction gravitationnelle. La même chose est vraie pour une étoile : puisqu'elle est liée par sa propre gravitation, son énergie totale est négative, car pour la disperser il faudrait fournir un travail. Dans les deux cas, celui d'une orbite et celui d'une étoile, l'énergie totale du système est en fait la somme de l'énergie gravitationnelle et de l'énergie du mouvement – ordonné dans le cas d'une orbite, désordonné dans le cas du gaz stellaire chaud. En équilibre, il existe une relation simple entre ces deux formes d'énergie. Pour une orbite, la loi de Kepler implique que l'énergie gravitationnelle est égale au double de l'énergie cinétique (avec un signe inverse, car l'énergie du mouvement est toujours positive) et par conséquent l'énergie totale est égale à la moitié de l'énergie gravitationnelle. Le même argument est vrai pour une étoile : on obtient la valeur de son énergie thermique en prenant la moitié de son énergie gravitationnelle et en changeant le signe de cette dernière. Cette relation entre les énergies cinétiques et gravitationnelles est la conséquence d'un théorème très général, dit « du viriel », décrivant les propriétés des systèmes en équilibre[4].

Nous pouvons à présent déterminer comment la température d'une étoile dépend de sa masse et de son rayon. La température est une mesure de l'énergie moyenne du gaz. Dans le cas d'une étoile, l'énergie thermique est tout simplement proportionnelle à la température (nous aurons

---

4. Le « viriel » est un terme introduit par le physicien allemand Rudolf Clausius pour décrire une quantité qui n'a pas beaucoup d'intérêt dans le contexte de notre récit. Nous n'en dirons donc pas plus.

affaire plus tard à des objets pour lesquels cela n'est pas vrai.) D'autre part, l'énergie gravitationnelle, comme nous le savons déjà, est proportionnelle à la masse et inversement proportionnelle au rayon. Par conséquent, la température d'une étoile est proportionnelle directement à sa masse et inversement à son rayon.

Une étoile brille : elle émet du rayonnement électromagnétique. Cela entraîne une diminution de son énergie. Celle-ci étant négative, cela veut dire qu'elle devient encore plus négative (diminuer un nombre négatif, c'est le rendre encore plus négatif.) Pour maintenir l'équilibre qui exige que l'énergie totale soit égale au demi de l'énergie gravitationnelle, l'étoile doit se contracter ; ce but est atteint par la diminution du rayon, ce qui réduit cette dernière. Cependant, en même temps, cette contraction *augmente* la température, celle-ci étant inversement proportionnelle au rayon. Apparemment, en perdant de la chaleur, une étoile se réchauffe !

On peut résumer le principe de fonctionnement d'une étoile de la façon suivante : elle brille parce qu'elle est chaude et elle est chaude parce que, puisqu'elle brille, elle doit se contracter. À long terme, ce mode de fonctionnement en cercle vicieux sera voué à l'échec car il arrivera bien un moment où la contraction ne sera plus possible ; l'étoile cessera de briller et deviendra un objet compact.

La vraie vie des étoiles

Le principe est simple mais, comme d'habitude, la réalité est un peu plus compliquée. Le lecteur avisé aura constaté, sans doute avec surprise, que nous n'avons pas mentionné les réactions thermonucléaires, qui jouent pourtant un rôle important dans la vie des étoiles. Rassurons-le : cette omission est voulue mais temporaire. Il s'agissait de souligner que, contrairement a ce qu'on affirme trop souvent, les étoiles ne brillent pas grâce aux réactions thermonucléaires. Celles-ci ne fournissent qu'une source d'énergie supplémentaire qui leur permet d'avoir une vie plus longue que celle que leur assurerait la seule contraction. C'est d'ailleurs en constatant que la durée de vie du Soleil, calculée en supposant que la contraction gravitationnelle est sa seule source d'énergie, est plus courte que l'âge du système solaire, que l'on a déduit l'existence d'une source d'énergie supplémentaire dans les étoiles.

De plus, les réactions thermonucléaires modifient la structure d'une étoile en changeant sa composition chimique. Au début, l'étoile réchauffée par sa contraction, et (ne l'oublions pas) par sa perte d'énergie par rayonnement, commence par brûler l'hydrogène, dont elle est en majorité constituée. La combustion d'hydrogène produit de l'hélium. Le creuset thermonucléaire se trouvant là où il fait le plus chaud, au centre de l'étoile, c'est ici que se forme un cœur composé d'abord d'hélium. C'est ce cœur qui deviendra un objet compact. Le type d'objet dépendra de la masse initiale (au début de la combustion) de l'étoile. L'évolution des étoiles est un sujet passionnant en soi, injustement considéré par certains comme un peu désuet, mais par nécessité nous allons ici ne nous concentrer que sur ses aspects qui relèvent de la naissance des trous noirs. Nous allons donc nous intéresser uniquement aux étoiles massives, plus massives qu'environ 10 fois la masse solaire, car les cœurs des étoiles dont les masses sont inférieures à cette valeur deviendront des naines blanches. C'est le sort qui attend le Soleil.

Revenons au cœur d'hélium. Au début, il est inerte, car sa température est trop basse pour qu'il puisse se consommer dans des réactions qui le transformeraient en carbone et en oxygène. Mais comme il est quand même chaud, il tente de se refroidir avec le résultat paradoxal que nous connaissons déjà : il devient de plus en plus chaud. En fait, le cœur de l'étoile devient lui-même une étoile presque autonome, de plus en plus détaché des autres composantes qui l'entourent. En fin de compte, il va essayer de s'en débarrasser dans une grande explosion.

Avant d'en arriver là, le cœur d'une étoile massive devra passer par plusieurs étapes de combustion thermo-nucléaire, en synthétisant des éléments de plus en plus lourds pour en arriver enfin au fer. Les étapes sont de plus en plus rapides. Par exemple, une étoile de 20 fois la masse solaire brûle de l'hydrogène pendant 8 millions d'années ; la phase de combustion de l'hélium est huit fois plus courte, celle du carbone dure mille ans, et les étapes suivantes, celles du néon et de l'oxygène, ne durent qu'environ un an. Finalement, le silicium se transforme en fer en une dizaine de jours, ce qui correspond à la fin de vie d'une étoile car le fer, étant l'élément le plus stable, n'est pas combustible. Le cœur de l'étoile ayant passé par une série de phases de contraction, sa partie la plus centrale (le « noyau du noyau ») est devenue très chaude (sa température a augmenté de 30 millions à 3 milliards de degrés), et très dense. Elle est suffisamment dense pour être maintenue en équilibre par la pression des électrons *dégénérés* et non plus par la pression thermique du gaz. Comme nous le savons déjà, la masse d'une boule de gaz maintenue en équilibre contre sa propre gravitation par la pression de gaz dégénéré ne peut être supérieure à la masse de Chandrasekhar, qui pour le fer est d'environ 1,2 fois la masse solaire. Dès que cette masse est dépassée, la gravitation étant devenue irrésistible, l'équilibre n'est plus possible et après un court moment une violente implosion s'ensuit. Celle-ci peut libérer (« libérer » car l'énergie de liaison gravitationnelle *diminue* avec le rayon) une énergie suffisante pour éjecter le reste de l'étoile qui, très étendu, n'est que faiblement lié au cœur. Nous avons alors affaire à une explosion de supernova. Pour être honnête, il faudrait plutôt dire : nous savons que nous *devrions* avoir affaire à une supernova quand, au centre d'une étoile massive, se forme un cœur de fer ; sans avoir vu les supernovae, en nous basant seulement sur des calculs, nous ne saurions jamais qu'elles existent. Dans les modèles, les étoiles massives refusent d'exploser et toutes formeraient directement des trous noirs. Pourtant, il ne subsiste aucun doute que les supernovae sont dues à l'effondrement du cœur d'une étoile massive arrivée à la fin de son évolution. Cependant, même les modèles les plus élaborés n'arrivent pas à reproduire l'explosion elle-même. Pour obtenir une explosion, il faut toujours ajouter un petit « coup de pouce ». Cela explique nos incertitudes sur la formation des trous noirs dans les supernovae.

Explosion finale :
les supernovae et les étoiles à neutrons

Notons en passant qu'il existe une classe de supernovae à part : celles de type Ia. Ce sont elles qui, servant de « chandelles standard », ont révélé il y a une dizaine d'années l'accélération de l'expansion de l'Univers. Les types Ia ne sont pas provoquées par l'effondrement d'un cœur stellaire mais résultent d'une explosion thermonucléaire d'une naine blanche. Ici, l'état de la théorie est encore pire que dans le cas des supernovae par effondrement : nous ne sommes même pas sûrs de quels systèmes de naines blanches il s'agit (on sait seulement qu'on a besoin d'une étoile double). En tout cas, cette ignorance ne nous concerne pas ici, car l'explosion d'une supernova de type Ia détruit complètement son procréateur et donc ne produit pas de trou noir.

Les supernovae de tous les autres types produisent soit des trous noirs, soit des étoiles à neutrons. L'issue de l'explosion dépend de la masse initiale de l'étoile. Dans le cas le plus extrême il n'y a pratiquement pas d'éjection de matière et toute l'étoile s'effondre sur elle-même sans produire d'explosion ; il ne s'agit donc pas vraiment de supernova, plutôt d'une supernova « avortée ». Les modèles, imprécis comme nous l'avons déjà mentionné, prévoient que cela arrive pour des étoiles de masses initiales supérieures à environ 40 fois la masse solaire, si l'étoile n'est pas en rotation. De telles supernovae avortées produisent directement des trous noirs. Pour des masses plus petites, mais supérieures à environ 20 fois la masse solaire, il y a bien éjection de l'enveloppe, mais une partie importante de la matière retombe sur le cœur, dont la masse dépasse alors largement la masse de Chandrasekhar. La création d'un trou noir est alors inévitable. Finalement, les cœurs des étoiles moins massives (mais toujours supérieures à 8 fois la masse solaire) éjectent tout « excès » de matière : rien ne retombe, et ce qui reste – le cœur effondré – devient une étoile à neutrons.

Il reste à expliquer pourquoi le cœur de fer devient une étoile à *neutrons*. Avec l'augmentation dans la densité, la capture des électrons par les noyaux (c'est-à-dire par les protons dans les noyaux) devient un processus avantageux du point de vue énergétique. Les électrons sont avalés par les noyaux qui deviennent très riches en neutrons et donc de moins en moins stables. Ce processus de *neutronisation* émet un énorme flux de neutrinos. De plus, les noyaux sont désintégrés par le rayonnement ; autrement dit, ils subissent une *photodésintégration*. Ces deux processus non seulement enrichissent le cœur en neutrons, mais provoquent aussi l'effondrement et l'éjection de la matière. Tout d'abord, en le déstabilisant, ils accélèrent la chute du cœur sur lui-même. Ensuite, ce sont les neutrinos émis en profusion qui sont à l'origine de l'explosion, car la matière est si dense qu'elle devient opaque même pour ces particules qui normalement traversent comme des fantômes tous les obstacles rencontrés sur leur chemin. Ici, ce sont eux qui produisent le choc qui envoie une énorme partie de l'étoile dans l'espace interstellaire. Le reste, s'il n'est pas trop massif *et* si une partie trop importante de la matière éjectée ne lui retombe pas dessus, devient une étoile à neutrons.

Nous connaissons plusieurs exemples de supernovae qui ont créé des étoiles à neutrons. Le plus célèbre est celui de la nébuleuse du Crabe (avec un peu d'imagination on peut lui trouver la forme d'un crabe, mais le nom vient d'un dessin de la nébuleuse esquissé en 1840 par l'astronome irlandais lord Rosse – bâtisseur des plus grands télescopes de l'époque), créé par l'explosion d'une supernova le 4 juillet 1054. Nous connaissons la date exacte de l'explosion grâce aux astronomes chinois (en réalité il s'agissait plutôt d'astrologues au service de l'empereur de Chine ; à cette époque la différence entre astronomes et astrologues était quelque peu floue. À présent, elle est heureusement claire et nette et la démarche des astrologues n'a rien de scientifique). Au centre de ces débris d'explosion se trouve un pulsar (découvert en 1968, environ un an après la détection du premier pulsar par Jocelyn Bell et ses collaborateurs). Ce pulsar est évidemment une étoile à neutrons formée par la supernova de 1054 : ce qui est une confirmation spectaculaire de la théorie. Qui est pourtant, comme nous l'avons dit, incomplète. Il y manque quelque chose, peut-être un élément sans grande importance. Nous ne sommes probablement pas loin de le trouver. Cependant, les dizaines d'années de lutte (sur ordinateur) contre le manque de vigueur de ces étoiles mourantes virtuelles sont la cause d'une énorme frustration, et pas seulement parmi ceux qui sont directement impliqués dans leur modélisation.

Pour le moment nous allons quitter les étoiles à neutrons. Nous y reviendrons quand il sera question de les distinguer de leurs cousins, les trous noirs de masse stellaire.

Les trous noirs de masse stellaire

Ces trous noirs se forment soit calmement par effondrement de toute une étoile, soit violemment quand, après l'explosion de supernova, une partie de la matière initialement éjectée retombe sur l'embryon d'une étoile à neutrons resté au centre, en le forçant à s'effondrer. C'est le sort de toutes les étoiles dont la masse initiale est supérieure à une vingtaine de fois la masse solaire. Ce qui nous intéresse, c'est évidemment la masse du trou noir final. Or celle-ci est sujette à beaucoup d'incertitudes. L'une résulte de notre connaissance très imparfaite des processus physiques ayant lieu pendant l'effondrement et l'explosion qui s'ensuit, mais l'autre est liée au fait que les étoiles massives perdent une grande partie de leur masse avant d'arriver à l'étape ultime de leur vie. Tout d'abord, elles émettent des vents stellaires qui peuvent parfois emporter plus de la moitié de leur masse. Ensuite, plus de la moitié des étoiles observées forment des systèmes binaires. Souvent les étoiles dans ces systèmes sont suffisamment proches l'une de l'autre (on parle alors d'une binaire « serrée ») pour que l'attraction gravitationnelle de l'une attire la matière de l'autre et provoque un échange important de masse entre les deux. En prenant en compte la perte de masse des étoiles on arrive à la conclusion que les étoiles dont les masses sont supérieures à environ 25 fois la masse solaire, et qui finissent leur vie en explosant, produisent des trous noirs dont la masse dépasse rarement la quinzaine de fois la masse solaire. Les étoiles plus massives que 40 fois la masse solaire, arrivées à la fin de leur évolution, s'effondrent directement en trous noirs. Les masses de ces derniers seront donc égales à la valeur qui précède l'effondrement et celle-ci dépendra de la perte de masse antérieure.

Premières étoiles, premiers trous noirs

Les étoiles dont nous avons parlé jusqu'à présent, on les appelle parfois « modernes », mais il faudrait plutôt les dire « historiques », par contraste avec les étoiles « préhistoriques », c'est-à-dire primaires – les premières à être nées après le Big Bang. Étant les premières, elles ne pouvaient être composées que d'éléments synthétisés pendant les premiers instants (trois minutes après le début) de l'expansion de l'Univers. Or le Big Bang n'a produit que les éléments les plus légers : l'hydrogène (et son isotope le deutérium), l'hélium et le lithium, et c'est pratiquement tout. Les autres éléments sont produits dans les étoiles par des réactions thermonucléaires. Ensuite, les étoiles éjectent ces éléments dans le milieu interstellaire (l'éjection la plus spectaculaire et la plus importante pour la dissémination des éléments étant bien entendu l'explosion d'une supernova), où se forment les générations stellaires suivantes. L'absence d'éléments plus lourds que l'hydrogène et l'hélium, auxquels les astronomes dans leur extravagante terminologie donnent le nom de « métaux » (nom qui n'a rien à voir avec la définition de métaux en physique : pour un astronome l'oxygène est un métal), a des conséquences dramatiques pour la naissance et la vie des étoiles primaires.

Les étoiles se forment dans des agglomérations de molécules appelées « nuages moléculaires. » Les premières étoiles se formaient dans les premiers nuages moléculaires, qui à leur tour se formaient dans les premières structures à apparaître dans l'Univers. Nous n'avons que très peu d'informations sur ces formations primitives, mais nous savons au moins que les premiers nuages moléculaires devaient être plus chauds que ceux dans lesquels les étoiles naissent aujourd'hui, car à l'époque préhistorique les possibilités de refroidissement (par rayonnement) étaient réduites par le choix restreint de molécules disponibles. Les molécules qui refroidissent les nuages contemporains n'existaient pas encore et l'hydrogène moléculaire (seule molécule disponible) est un refroidisseur relativement peu efficace. Les nuages moléculaires préhistoriques étaient donc chauds. Il ne s'agissait pas de températures énormes, juste de quelques centaines de degrés Kelvin, mais cela est très supérieur aux 10 °K observés à présent. La pression qu'il faut surmonter pour former une étoile était donc plus grande et les premières étoiles étaient plus massives que celles que nous voyons maintenant. Ces dinosaures stellaires naissaient avec des masses de quelques centaines de fois la masse solaire ou plus. L'absence d'éléments lourds (de métaux) empêche la formation de vents stellaires, qui soufflent grâce à la pression de radiation ; dépourvue de cibles que fournissent aux photons les atomes lourds, cette pression n'est même pas suffisante pour créer une brise. Par conséquent, les premières étoiles gardent toute leur matière pendant leur courte vie (courte car la durée de vie d'une étoile décroît drastiquement avec sa masse) ; nées obèses, elles meurent obèses. Leur mort aussi est différente de celle des étoiles plus sveltes : elle est provoquée par la création de paires électron-positron par le rayonnement intense qui domine les étoiles très massives. L'énergie du rayonnement qui soutient l'étoile se transforme alors en masse de particules, en réduisant violemment la pression. L'étoile s'effondre sur elle-même.

Les plus massives de ces monstres (masses supérieures à 260 fois la masse solaire) s'effondrent directement (sans explosion) en trous noirs. Les étoiles dont les masses sont contenues entre 140 et 260 fois la masse solaire subissent un sort différent et plus spectaculaire : elles aussi commencent à s'effondrer, mais finalement rebondissent dans une énorme explosion qui ne laisse rien derrière elle. Ni trou noir ni étoiles à neutrons. Mais elles ne disparaissent pas sans laisser de traces : leurs explosions polluent le milieu interstellaire avec les produits des réactions thermonucléaires qui ont eu lieu auparavant dans leurs entrailles. Les étoiles encore moins massives (environ une centaine de fois la masse solaire) survivent à l'instabilité au prix d'énormes pulsations pendant lesquelles elles perdent (enfin) une partie leur masse, mais finalement elles aussi s'effondrent en se transformant en trous noirs.

Les intermédiaires et les super

Les premières étoiles forment ainsi des trous noirs de quelques centaines ou milliers de fois la masse solaire. On les appelle « trous noirs de masses intermédiaires », car ils sont moins massifs que les trous noirs observés dans les centres des galaxies dont les masses sont supérieures à un million de fois la masse solaire. Ceux-là portent le nom de trous noirs supermassifs. Il existe donc, en principe, trois familles de trous noirs : les « stellaires », les « intermédiaires » et les supermassifs. J'écris « en principe » car les observations ne nous dévoilent que les trous noirs aux deux extrêmes de la gamme des masses : les peu massifs et les supermassifs. Quant aux trous noirs de masses intermédiaires (TNMI), leur existence reste encore à confirmer.

Le sort des TNMI et l'origine des trous noirs supermassifs sont très probablement liés. Les TNMI ont pu être les graines des trous supermassifs. Ces derniers se sont formés très tôt dans l'histoire de l'Univers : les observations montrent que les quasars fonctionnaient déjà quand il n'avait que 800 millions d'années. Il y avait donc à l'époque des galaxies et des trous noirs. Mais nous ne savons pas quand ni comment se sont formés les premiers trous noirs. Il n'est pas impossible qu'ils aient été supermassifs dès le début (de la formation des structures), créés par exemple par l'effondrement de « superétoiles » d'un million de fois la masse solaire. De tels événements ne seraient pas passés inaperçus, et pourtant on n'en observe aucune manifestation. Les simulations numériques suggèrent plutôt que les premiers trous noirs à se former étaient les TNMI. Dans ce cas les masses des premiers trous noirs ne seraient que de l'ordre de 1 000 fois la masse solaire. Il y a un long chemin à parcourir de 1 000 à 1 000 000 000 de fois la masse solaire, mais la masse des TNMI peut croître grâce à l'accrétion (processus d'accumulation que nous abordons dans le chapitre suivant) de matière. En principe, le taux d'accrétion est limité par le rayonnement qu'il produit : la luminosité produite par l'accrétion ne peut dépasser une luminosité critique appelée *luminosité d'Eddington*. Celle-ci augmente avec la masse, y étant proportionnelle. En 1964, déjà Edwin Salpeter en avait déduit qu'un trou noir peut doubler sa masse en quelques dizaines de millions d'années. Par conséquent, en une vingtaine de doublements, c'est-à-dire en quelques centaines de millions d'années, un trou noir peut, grâce à l'accrétion de matière, faire croître sa masse d'un millier à 1 milliard de fois la masse solaire. Pour cela, il faut qu'il accrète pendant tout ce temps au taux Eddington. Est-ce possible ? Pourrait-il être alimenté à ce taux pendant tout ce temps ? Nous ne le savons pas.

Toutefois, nous savons dès maintenant qu'il doit exister un lien entre la formation des galaxies et celles des trous noirs. On observe en effet une surprenante relation entre les masses des trous noirs supermassifs centraux et les masses des composantes sphériques (bulbes) des galaxies. On trouve que dans les galaxies la *masse du bulbe est 500 fois plus grande que la masse du trou noir central*. Et pourtant, les étoiles qui forment le bulbe sont trop éloignées du trou noir pour ressentir son attraction gravitationnelle, et donc sa présence. Le lien entre la masse du trou noir et celle de l'ensemble des étoiles qui l'entoure est certainement une séquelle des processus de formation de la galaxie et de son trou noir central. Comment les deux sont-ils liés ? La réponse à cette question est un des sujets les plus importants de l'astrophysique contemporaine.

Et les TNMI ? Même s'ils ont été les graines à partir desquelles ont poussé les trous noirs supermassifs il devrait bien en rester quelques-unes qui n'ont pas eu la possibilité de grossir. Mais nous n'avons toujours pas de confirmation observationnelle de leur existence[5].

En fait, comment savons-nous qu'il s'agit de trous noirs ? Il est temps de passer à la recherche de trous noirs dans l'Univers.

---

5. Très récemment, mon ami Didier Barret et son équipe semblent avoir enfin observé le premier TNMI.

CHAPITRE 8

À LA RECHERCHE
DE TROUS NOIRS

Les journalistes préfèrent parler de « chasse » aux trous noirs. Cédant à l'insistance de la rédaction de *Pour la science*, j'ai moi-même donné ce titre à une courte revue des observations de trous noirs publiée dans un numéro spécial de ce magazine consacré à Albert Einstein. Il ne s'agit toutefois pas d'une chasse. On ne court pas, on ne poursuit ni ne débusque personne. Si on tenait vraiment à des comparaisons cynégétiques, on pourrait parler de « photo safari », mais nous allons nous contenter d'évoquer les observations qui démontrent (ou suggèrent) l'existence des trous noirs dans l'Univers. Nous avons dans les chapitres précédents parlé de trous noirs dans divers contextes astrophysiques, mais nous n'avons pas encore expliqué ce qui nous permet d'affirmer qu'il s'agit bien de ces corps célestes d'un type si spécial.

On ne peut pas s'attendre à ce que la détection des trous noirs ressemble aux expériences de pensée auxquels nous nous sommes adonnés jusqu'à présent. On ne peut pas, après avoir choisi un candidat trou noir, envoyer dans sa direction une sonde qui enverrait des signaux périodiques, que nous capterions en mesurant leur ralentissement de rythme et le décalage vers le rouge de la fréquence. Les trous noirs les plus proches sont beaucoup trop loin : ils se trouvent au moins à une distance de quelques centaines d'années-lumière.

Il faut bien tout de même commencer par identifier des candidats. On les cherche d'abord là où on espère les trouver. On regarde dans les centres des galaxies et dans les étoiles doubles serrées, qui sont des sources puissantes de rayonnements X (les *binaires X*). Les raisons d'un tel choix sont historiques et physiques. Nous avons déjà raconté comment la découverte des quasars et des binaires X a fait entrer les trous noirs en astrophysique. Une fois qu'on a compris que les quasars et autres noyaux actifs des galaxies contiennent des trous noirs, il s'ensuivait que ces derniers devraient aussi être présents dans les centres des galaxies inactives, car la majorité des galaxies maintenant calmes ont dû passer pendant leur vie par une phase active. Pour les binaires X, la présence d'un objet compact est assurée, mais il reste à faire la différence entre les trous noirs et les étoiles à neutrons.

Dans les deux cas, la détection du trou noir commence par la détermination de la masse de l'objet candidat. Bien qu'il s'agisse d'un objet relativiste par excellence, dans la majorité des cas la masse d'un trou noir est déterminée par des méthodes astronomiques des plus classiques : en observant les mouvements des corps célestes influencés pas sa gravitation. La masse de l'objet compact dans une étoile double est déterminée par le mouvement orbital de son compagnon ; les mouvements des étoiles autour du centre d'une galaxie apportent l'information sur la masse de l'objet qui s'y trouve. Vu l'éloignement du centre d'attraction des traceurs stellaires, on peut, sans commettre d'erreur, se servir de la mécanique newtonienne et des lois de Kepler pour décrire ces mouvements. Seulement dans un cas, celui des étoiles très proches du centre de la Galaxie, la précision des observations sera bientôt telle qu'elle nécessitera l'inclusion des corrections relativistes, à l'instar de celles que l'on utilise pour décrire le mouvement des corps dans le système solaire. Mais c'est une exception : le centre de la Galaxie abrite un trou noir supermassif, éloigné de nous de 28 mille années-lumière, entouré d'un amas d'étoiles, dont certaines frôlent presque sa surface.

Après l'estimation de la masse, la décision sur la présence d'un trou noir se fait par élimination. Pour les binaires X, quand la masse de l'astre est supérieure à 3 fois la masse solaire, nous savons que ce ne peut pas être une étoile à neutrons ; il ne peut donc s'agir que d'un trou noir.

Les trous noirs supermassifs n'ayant pas de « concurrents » compacts crédibles (c'est-à-dire observés directement, comme le sont les étoiles à neutrons), il suffit de déterminer que la taille de l'objet central est trop réduite pour abriter un ensemble (amas) de corps célestes pour conclure que l'on a affaire à un trou noir.

Cette méthode « par élimination » peut paraître peu satisfaisante quand il s'agit de prouver l'existence d'un objet aussi particulier qu'un trou noir, mais c'est la seule que nous ayons pour le moment. Les autres façons d'identifier les trous noirs ont toutes des points faibles ; ce n'est que l'avènement de l'astronomie en ondes gravitationnelles qui fournira la preuve ultime de l'existence dans l'Univers de ces corps célestes d'un autre genre.

En attendant, nous devons nous contenter d'observations dans le domaine électromagnétique. Même si elles n'apportent pas de preuve ultime de l'existence des trous noirs, elles fournissent une richesse d'information suffisante pour nous occuper pendant longtemps. En fait, la majorité des astronomes ne s'intéressent pas vraiment aux preuves *ultimes*. Les évidences imparfaites et les indices leur suffisent amplement. Ce qui les préoccupe, c'est plutôt l'origine des trous noirs stellaires et plus massifs (ils veulent surtout résoudre l'énigme des trous noirs de masses intermédiaires) et la participation de ceux-ci dans l'histoire des étoiles seules et doubles, dans la structure des amas d'étoiles et dans l'évolution des galaxies. D'autre part, le voisinage de la surface des trous noirs est l'endroit de départ de processus de haute énergie, tels les rayonnements X et gamma, les jets de matière, envoyés à grande vitesse dans l'espace interstellaire et intergalactique, et aussi, très probablement, de particules de très haute énergie qui bombardent l'atmosphère terrestre sous forme de rayons cosmiques.

Mais puisque ce sont les trous noirs eux-mêmes qui sont notre sujet, nous n'aborderons que ces aspects des processus physiques qui sont *directement liés* à la détection de ces attracteurs gravitationnels absolus. Nous allons commencer avec le processus qui est à l'origine de la découverte des trous noirs dans l'Univers : *l'accrétion de matière*.

Puissance de la chute : l'accrétion

Un corps qui chute sur un astre compact atteint, près de la surface de celui-ci, une vitesse voisine de celle de la lumière. Ces très grandes vitesses impliquent de très grandes énergies. Ainsi, le voisinage des trous noirs devrait être le site de processus de très haute énergie. Pas seulement des trous noirs, d'ailleurs, car il ne faut pas oublier l'existence d'au moins deux autres types d'astres compacts : les étoiles à neutrons et les naines blanches. Et peut-être aussi des étoiles à quarks.

En général, un astre mérite l'appellation de compact quand la vitesse finale de la chute libre sur sa surface est proche de celle de la lumière. On peut dire aussi (c'est la même chose) que près de la surface d'un objet compact, l'énergie de liaison gravitationnelle d'un corps est une fraction importante de son énergie de masse. Il faut évidemment préciser ce qu'on comprend par « proche » et « important », c'est-à-dire quelle fraction de la vitesse de la lumière (ou de l'énergie de masse) nous considérons comme étant suffisamment élevée. Cela revient à estimer le rendement du processus de chute : à établir quelle fraction de l'énergie du corps est libérée dans sa chute. Le processus de chute de matière sur un astre est appelé en astrophysique « accrétion » ; il s'agit donc d'estimer le *rendement d'accrétion*.

Le rendement

Comme repère nous prendrons les réactions thermonucléaires, qui dans les étoiles transforment l'hydrogène en éléments lourds. Leur rendement est de 0,7 % ; telle est la fraction de l'énergie de masse qui est « brûlée » dans les réacteurs thermonucléaires stellaires.

Le rendement d'accrétion dépend de la compacité du corps gravitant. Le trou noir étant l'objet le plus compact concevable, on pourrait penser qu'il fournira le rendement maximal. En réalité, les choses sont un peu plus compliquées. Voyons cela de plus près.

Un corps qui traverse l'horizon le fait à la vitesse de la lumière. Rappelons que puisque le repos à la surface d'un trou noir est impossible, une telle valeur de vitesse ne peut pas être mesurée directement ; il n'y a donc pas de contradiction avec le principe de relativité, qui interdit d'accélérer un corps à la vitesse de la lumière. Cela dit, un corps en chute vers un trou noir peut atteindre une très grande vitesse, proche de la vitesse de la lumière[1]. Il atteint donc une très grande énergie. Pour calculer le rendement d'accrétion, il faut savoir quelle fraction de cette énergie peut être récupérée avant que le corps en chute ne disparaisse pour de bon de notre Univers, en s'engouffrant dans le trou noir. Pour en garder au moins une partie, il faut que l'énergie de la chute change de forme avant qu'il ne soit trop tard. L'idéal serait d'arrêter la chute tout près du trou noir, mais cela est impossible. Il faudrait des parois ou des digues, mais celles-ci ne se forment pas d'elles-mêmes. De tels obstacles seront peut-être construits dans un avenir très lointain, par une civilisation très avancée qui désirera utiliser l'énergie (« pure ») des trous noirs ; mais pour le moment, cela est du domaine de la science-fiction.

Dans l'univers réel, la chute sur un trou noir n'est pas arrêtée, mais ralentie. Avant de considérer l'accrétion dans le contexte astronomique, il est utile de considérer une expérience de pensée qui illustre le principe d'extraction d'énergie gravitationnelle et le rendement de ce processus.

Nous allons, très lentement, descendre un objet dans un trou noir. Disons que nous voulons nous débarrasser d'un sac de déchets sans polluer l'environnement. Le trou noir est évidemment une décharge idéale (un trou « vert »). Il ne s'agira pas juste de se débarrasser du sac. Nous voulons aussi nous servir du trou noir comme transformateur d'énergie. Nous attachons donc le sac à un fil d'acier que nous enroulons autour du cylindre d'un treuil. En descendant vers le trou noir, le sac fera tourner le cylindre, dont la rotation sera source d'énergie pour un générateur d'électricité. Toute cette installation est placée suffisamment loin du trou noir pour que notre sac ne soit pas attiré par sa

---

1. « Arbitrairement proche », dirait un mathématicien.

gravitation. Son énergie de liaison est donc nulle, ainsi que son énergie de mouvement s'il est immobile. Son énergie totale est par conséquent nulle... si on se place dans le cadre newtonien. Mais du point de vue relativiste son énergie totale est évidemment égale à son énergie de masse : $E = mc^2$. Nous adopterons ce dernier point de vue en anticipant le destin de notre poubelle, qui deviendra nécessairement relativiste près du trou noir.

Nous descendons ensuite le sac vers le trou noir[2]. La descente produisant un travail (qui génère de l'électricité), l'énergie disponible diminue. Si, à certains moments, on relâche le sac (ou si le fil se rompt), le sac emportera l'énergie restante dans le trou noir. Mais plus il s'en rapproche, moins il en reste. Son énergie de liaison diminue (elle est négative, donc le sac est de plus en plus lié par la gravitation du trou noir). Finalement, si on arrive à descendre le sac à la surface du trou noir sans casser le fil, son énergie de liaison sera égale (avec signe inverse) à son énergie de masse. La somme des deux est nulle : toute l'énergie disponible aura été consommée. Ainsi, le trou noir est, en principe, un engin parfait. Son rendement est de 100 % : il peut extraire d'un corps toute son énergie. Seulement *en principe* : tout fil réel va se casser avant d'arriver à l'horizon, car pour résister à l'attraction gravitationnelle à la surface du trou noir, il devrait subir une tension infinie.

Notre expérience de pensée, bien que non réaliste, permet de comprendre le fonctionnement des engins astrophysiques alimentés par l'accrétion. Commençons, par exemple, par le cas d'un trou noir attirant un nuage de gaz. La taille de ce dernier étant beaucoup plus grande que celle du trou noir, il doit d'abord être comprimé et

---

2. Il faut y mettre un peu d'énergie, mais on peut ne pas la prendre en compte dans le bilan.

ensuite aspiré hors de notre Univers. Un peu comme le djinn qui, dans les dessins animés, retourne dans la lampe d'Aladin. À l'instar du cas des étoiles discuté plus haut, la compression par gravitation chauffe le gaz. L'accrétion est alors plutôt une contraction qu'une chute, car les forces de pression s'opposent à l'attraction gravitationnelle. Sans pour autant la compenser complètement. Plus la matière du nuage est proche du trou noir, moins la compensation par la pression est efficace, ce qui graduellement accélère le mouvement vers le centre. Enfin, arrivé à une certaine distance du trou noir[3], le mouvement devient une chute libre, la matière emportant dans le trou noir toute l'énergie qui lui reste. À l'instar du sac coupé de son fil dans l'exemple précédent.

Il est toutefois rare que le mouvement de la matière soit dirigé uniquement vers un trou noir. Les cas d'accrétion sphérique ne sont pas fréquents. Dans le cas le plus fréquent, la matière possède une certaine quantité de rotation (moment angulaire), et par conservation de celui-ci, elle doit faire de nombreux tours avant de pouvoir atteindre finalement la surface de l'objet compact. De plus, pour qu'elle puisse cheminer vers le centre d'attraction il faudrait d'abord qu'elle se débarrasse de son moment angulaire.

Les disques d'accrétion

Souvent, la matière forme autour des objets compacts une sorte de soucoupe gazeuse tournante, qu'on appelle *disque d'accrétion*. Un tel disque ressemble un peu aux fameux anneaux de Saturne, mais avec quelques différences essentielles. Tandis que dans les anneaux planétaires les

---

3. Cette transition a lieu là où la vitesse de la matière devient égale à la vitesse du son.

mouvements sont uniquement circulaires, dans les disques d'accrétion, la matière diffuse vers l'objet central. Dans les deux cas, les orbites sont kepleriennes. Or, puisque le moment angulaire keplerien augmente avec la distance (comme la racine carrée du rayon), il existe clairement dans les disques d'accrétion un mécanisme d'évacuation de la quantité de rotation vers l'extérieur. Mécanisme, apparemment, qui ne fonctionne pas dans les anneaux planétaires.

Ce mécanisme, très probablement d'origine magnétique, crée une viscosité qui dissipe l'énergie par frottement entre anneaux adjacents. Ainsi, le mécanisme de transport de moment angulaire est aussi une source de chaleur. En fait, un disque d'accrétion est une machine qui transporte la matière vers la source de gravitation, et le moment angulaire, dans le sens inverse, tout en étant une source de chauffage. La source ultime d'énergie est, bien entendu, l'attraction gravitationnelle de l'astre central. La « viscosité » n'est que le mécanisme qui permet de la transformer en chaleur.

Les disques ne peuvent exister que tant qu'il y a des orbites. Or, autour des trous noirs, aucune orbite n'est inférieure à un certain rayon critique. Les disques ont donc toujours un bord interne. Par conséquent, dans un disque d'accrétion autour d'un trou noir, un élément de matière diffuse lentement vers le centre (tout en circulant rapidement), jusqu'au moment où il arrive à la dernière orbite. En route il se débarrasse de son énergie et de son moment angulaire. Une fois arrivé à la dernière orbite il ne peut que plonger dans le trou noir.

L'énergie disponible est donc égale à la différence entre l'énergie de masse de la matière et l'énergie de la dernière orbite stable. Nous savons déjà que le rayon de la dernière orbite stable est fonction de la rotation du trou noir : plus cette rotation est rapide, plus le rayon de l'orbite (quand elle tourne dans le même sens que le trou noir) se rapproche de l'horizon, ce qui fait que le rendement d'accrétion augmente avec le taux de rotation du trou noir. Pour un trou noir en rotation maximale, le rendement d'accrétion est de 42 %. Pour un trou noir immobile, il n'est que de 6 %. Même dans ce dernier cas, le rendement d'accrétion est donc très supérieur à celui de la combustion thermonucléaire.

La puissance

Le rendement n'est pas tout. La puissance de l'engin est déterminée par le taux auquel on lui fournit le carburant, c'est-à-dire par le *taux d'accrétion* de la matière. Là aussi, pour nous faire une idée sur les quantités de matière requises, nous prendrons comme référence les étoiles, et en particulier le Soleil.

En astronomie, il est souvent commode de mesurer la luminosité en unités de *luminosité solaire*. Celle-ci est égale à environ $4 \cdot 10^{26}$ watts. On calcule facilement quel taux de combustion thermonucléaire est nécessaire pour générer une telle luminosité. Nous savons que le rendement des réactions thermonucléaires est de 0,7 %. Autrement dit, à partir d'une quantité de masse m on obtient une quantité $0,007\, mc^2$ d'énergie. Ainsi, chaque kilogramme de matière brûlée dans le cœur du Soleil produit $6,3 \cdot 10^{14}$ joules. Il suffit de diviser ce nombre par la luminosité du Soleil (rappelons que watt = joule par seconde), pour trouver que le taux de combustion solaire est d'environ $6,35 \cdot 10^{11}$ kilogrammes par seconde ou, si on préfère, 635 millions de tonnes d'hydrogène par seconde. Ou encore un cent milliardième (10^{-11}) de masse solaire par an.

Pour obtenir la même luminosité par accrétion sur un trou noir, il suffit de lui fournir de la matière à un taux de

10 à 60 fois inférieur (dépendant du spin du trou noir). Sauf que le Soleil brûle la matière qui le compose, tandis qu'un trou noir doit être alimenté par une source extérieure. Les sources de rayons X dans les étoiles doubles ont des luminosités entre 250 et 25 000 luminosités solaires. Il faut donc leur fournir de la matière à des taux allant de 10^{-10} à 10^{-8} fois la masse solaire par an. C'est la quantité de matière perdue par le compagnon stellaire du trou noir dans les étoiles doubles serrées.

Figure 9 : Schéma de la binaire X à trou noir XTE J1118+480. (D'après Rob Hynes.)

Les luminosités des quasars peuvent être jusqu'à un milliard de fois plus grandes que celles de binaires X ; leur trou noir a besoin donc de consommer l'équivalent d'un Soleil par an. Les trous noirs dans les noyaux galactiques capturent en effet des étoiles et du gaz, mais la compréhension détaillée de ces processus nous échappe toujours.

Avant de voir de plus près quelles peuvent être les sources capables de fournir les quantités de « combustible » requis, il faut préciser ce que nous recherchons : quel genre de rayonnement attendons-nous de la matière en chute sur un trou noir ? Pourquoi des rayons X, par exemple ?

Le spectre

Vu les hautes énergies des particules de la matière près des trous noirs, on pourrait s'attendre à ce que le rayonnement aussi ait cette propriété. En prenant en compte l'énergie que peuvent avoir les électrons dans le voisinage de l'objet compact, on s'attendrait à ce qu'ils soient source de rayons gamma plutôt que de rayons X, de surcroît pas très énergétiques. En effet, les photons du rayonnement, produits dans le flot d'accrétion près de l'objet compact, sont bien créés avec des hautes énergies ; mais quand les sources sont brillantes, donc alimentées en matière à taux élevés, les photons, avant d'être émis dans l'espace, doivent se frayer un chemin à travers une couche de matière dense, ce qui dégrade leur énergie. Évidemment, l'énergie totale est conservée, mais en route vers la surface, les photons énergétiques sont absorbés et à leur place plusieurs photons d'énergies plus basses sont émis, et ainsi de suite. Finalement, les photons émis à la surface sont beaucoup plus *mous* (de plus basse énergie) que ceux produits dans les profondeurs du flot d'accrétion – à l'instar du Soleil, dont la température centrale est 15 600 000 K mais dont la température de surface n'est que 5 770 K.

Dans de telles sources de rayonnement, appelées *optiquement épaisses*, l'énergie des photons est déterminée par la luminosité et l'aire de la surface émettrice. C'est ce qui fait que les disques d'accrétion dans les quasars émettent une lumière bleue, tandis que ceux qui entourent les trous noirs et les étoiles à neutrons dans les systèmes binaires sont observés en rayons X.

Les binaires X

Parmi les nombreuses étoiles doubles dans notre Galaxie, il y en a qui sont très compactes. Dans de telles *étoiles doubles serrées*, la distance entre les deux astres est un million de fois inférieure à celle qui sépare la Terre du Soleil. Pour certains, tout le système double rentrerait sans peine dans le Soleil. Ces systèmes sont si serrés que par manque de place, au moins une des composantes doit être un objet compact. L'autre, qui est, dans la plupart des cas, une étoile encore vivante, est fortement déformée par l'attraction gravitationnelle de son compagnon défunt, au point qu'elle lui arrache ses couches extérieures. Dans de tels couples d'astres fortement liés, il y a donc une étoile donneuse et un objet receveur compact. Puisque la donneuse est en rotation, le receveur n'obtient pas le don de matière directement mais par l'intermédiaire d'un disque d'accrétion.

Quand l'objet compact est un trou noir ou une étoile à neutrons, l'émission d'accrétion se manifeste sous forme de rayonnement X. Dans les sources brillantes, la luminosité X est dominante ; même le rayonnement optique observé est dû au « recyclage » des rayons X qui chauffent la surface du disque d'accrétion.

Dans les binaires X lumineuses, il est difficile de faire la différence entre les deux types d'objets compacts. Les étoiles à neutrons ont typiquement une masse de 1,4 fois la masse solaire et un rayon d'environ 10 km, ce qui implique un rendement d'accrétion supérieur à 10 %. Et il n'y a pas de pertes : toute l'énergie qui n'aura pas été rayonnée par le disque d'accrétion le sera à la surface de l'étoile. Par conséquent, pour le même taux d'accrétion, les étoiles à neutrons peuvent être plus brillantes que les trous noirs.

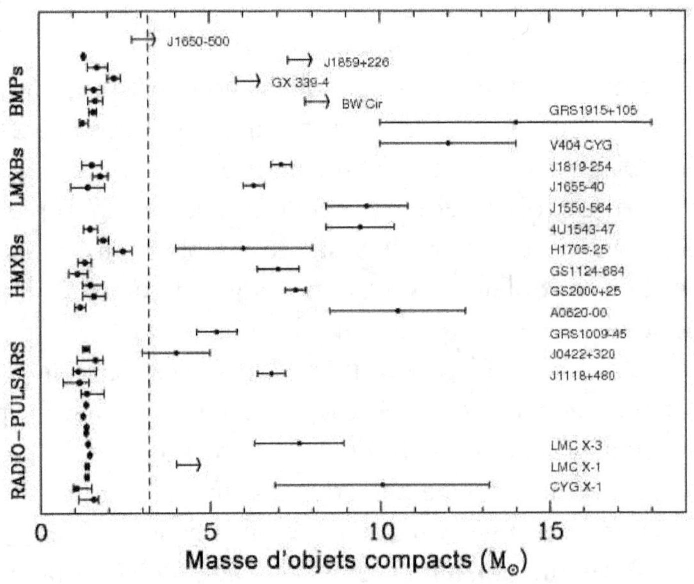

Figure 10 : Les masses des astres compacts dans les systèmes doubles – Les objets à gauche de la ligne verticale discontinue sont des étoiles à neutrons (la ligne correspond à la masse maximale de ces objets). (D'après Jorge Casares, *IAU Symposium*, 2007, n° 238, Cambridge University Press, p. 3.)

Comment distinguer entre étoiles à neutrons et trous noirs dans les binaires X ?

Les étoiles à neutrons montrent, relativement souvent, qu'elles ont une surface. Les pulsations strictement périodiques de l'émission électromagnétique de pulsars prouvent l'existence d'un champ magnétique ancré dans l'étoile en rotation – clairement un objet à surface. D'autre part, la matière accumulée à la surface d'une étoile à neutrons subit des explosions thermonucléaires, observées sous forme de *sursauts X*[4]. Malheureusement, les sources X brillantes ne montrent, le plus souvent, ni pulsations ni sursauts X, car les taux d'accrétion élevés ont tendance à les supprimer.

Les masses

Il reste évidemment le critère de masse. Puisque la masse d'une étoile à neutrons ne peut pas dépasser 3 fois la masse solaire, tout objet plus massif n'en est pas une.

La mesure de masse de l'objet compact dans les sources brillantes est difficile, car il faut observer le mouvement orbital du compagnon stellaire. Quand c'est possible, une fois l'orbite déterminée, on applique les lois de Kepler pour estimer la masse de la composante compacte. Mais dans les sources brillantes, la plupart du temps, on ne voit pas le compagnon stellaire ; sa lumière est noyée dans le flux de rayonnement produit par l'accrétion. Heureusement, il existe des *sources X transitoires*, qui ne sont brillantes que pendant quelques mois, passant le reste du temps (souvent des dizaines d'années) dans un état bas (*quiescence*) dans lequel le compagnon stellaire de l'astre compact est bien visible. En fait, *toutes* les binaires X à trou noir, dont le compagnon est de faible masse (inférieure à 3 fois la masse solaire)[5], sont transitoires.

Nous connaissons à présent les masses des astres compacts dans 20 binaires X de faible masse. Pour trois d'entre elles, celles qui ont montré clairement des signes

---

4. À ne pas confondre avec les sursauts gamma !

5. Rien à voir avec la masse maximale d'une étoile à neutrons. La valeur de 3 fois la masse solaire distingue aussi les types d'évolution nucléaire des étoiles.

de présence de surface, la masse est inférieure à la maximale des étoiles à neutrons. Dans les 17 autres, l'objet compact a une masse supérieure à 3 fois la masse solaire. À ces 17 systèmes doubles, il faut en ajouter trois autres, dans lesquels le compagnon de l'astre compact est une étoile massive. Aucun des objets compacts plus massifs que 3 fois la masse solaire ne montrent de trace de surface. Ni pulse périodique ni sursaut X. Sont-ils pour autant des trous noirs ?

Nous allons répondre à cette interrogation en deux temps.

Tout d'abord, il faut poser la question suivante : si ce n'est pas un trou noir, qu'est-ce que c'est ? Cette question en amène une autre : existe-t-il des objets compacts d'une masse supérieure à 3 fois la masse solaire autres que les trous noirs ? La réponse est « non » si on se tient à la physique standard, c'est-à-dire celle qui est vérifiée en laboratoire et dans les accélérateurs de particules.

Des alternatives aux trous noirs ont été proposées, mais elles font appel à des états de matière hautement hypothétiques, dont le seul avantage est de ne pas violer les lois de la physique (ce qui, par les temps qui courent, est un avantage certain). Cependant, les objets compacts plus massifs que 3 fois la masse solaire sont observés dans des étoiles doubles. Leurs compagnons sont des étoiles tout à fait normales, le plus souvent de faible masse. Il n'y a aucune raison de penser que l'évolution de ces systèmes aurait été anormale. Tout laisse à penser que l'ancêtre de l'objet compact était une étoile massive qui aurait terminé sa vie dans une explosion de supernova. Il ne suffit donc pas d'invoquer des objets « non standard » pour remplacer les trous noirs ; il faut aussi expliquer pour quelle raison (physique), et dans quelles circonstances, ils verraient le jour. Nous en sommes encore loin... et peut-être pour toujours. Supposer que les astres compacts massifs dans les binaires X sont des trous noirs est donc une attitude raisonnable et conservatrice.

Y a-t-il une surface ?

Même avec l'intime conviction que les alternatives aux trous noirs n'ont pas de sens physique, ou que, au mieux, leur existence est hautement invraisemblable, on aimerait, malgré tout, avoir une preuve que les astres compacts plus massifs que 3 fois la masse solaire n'ont vraiment pas de surface. Cela apporterait la preuve ultime que ce sont des trous noirs.

Les observations montrent clairement que les astres compacts plus massifs que 3 fois la masse solaire ont des propriétés différentes des étoiles à neutrons : contrairement à ces dernières, ils ne laissent apparaître aucune trace de phénomènes liés à la présence d'une surface. Ni pulses périodiques ni sursauts thermonucléaires. Ces phénomènes, courants dans des systèmes abritant des objets compacts moins massifs que 3 fois la masse solaire, sont ici totalement absents. Mais est-ce une preuve d'absence de surface ?

Hélas, bien que les signaux périodiques ou les sursauts X prouvent l'existence d'une surface, leur absence seule ne prouve pas son absence. « L'absence de preuve n'est pas preuve d'absence. »

Pour les signaux périodiques, c'est certainement le cas : l'absence de pulsations ne prouve malheureusement rien, puisque les étoiles à neutrons elles-mêmes sont souvent dépourvues de cette marque de surface. Il y a plusieurs causes possibles de cette absence : champ magnétique trop faible pour canaliser la matière (donc pas d'effet phare), effets relativistes qui déphasent le signal périodique, le rendant invisible, ou encore la diffusion du rayonnement sur les électrons ambiants, qui produit le même effet.

L'absence de sursauts pourrait paraître plus prometteuse. En effet, l'astrophysicien américain d'origine indienne Ramesh Narayan et ses collaborateurs ont démontré, par le calcul, que la matière accumulée à la surface d'une « étoile à neutrons » de 10 fois la masse solaire explose comme dans le cas d'astres moins massifs. Ils en ont conclu que l'absence de tels sursauts prouve l'absence d'une surface sur laquelle une accumulation pourrait avoir lieu. Malheureusement, l'argument de Narayan présente une sérieuse faille, car les étoiles à neutrons de 10 fois la masse solaire n'existent pas et ne peuvent pas exister. Si une étoile compacte de 10 fois la masse solaire existe, elle ne peut pas être composée de matière ordinaire, mais d'une substance qu'il reste encore à trouver. Par conséquent, on ne peut pas calculer les propriétés de la matière accumulée par accrétion comme s'il s'agissait de la surface d'une étoile à neutrons, et le résultat d'un tel calcul ne prouve rien. Car, par exemple, la matière ordinaire, s'accumulant à la surface de l'hypothétique astre compact, pourrait subir une transition qui la transformerait en matière exotique dans laquelle n'y a pas de noyaux atomiques[6]. Or, sans noyaux, il n'y a pas d'explosions thermonucléaires. Donc l'absence de ces derniers ne prouve aucunement l'absence de surface.

---

6. Après tout, de telles transitions ont lieu à la surface de certaines étoiles à quarks.

Les ADAF

Nous avons esquissé les arguments selon lesquels, puisqu'il n'y a pas de signe de présence d'une surface, celle-ci n'existe pas, et nous avons vu que ce genre de raisonnement n'est pas satisfaisant.

Mais il ne faut jamais perdre l'espoir. En fait, ce que nous espérons prouver n'est pas juste l'absence d'une surface mais la présence d'un horizon d'événement. Ce qu'il faut donc rechercher dans les observations, ce n'est pas la preuve de l'absence d'une surface, mais la preuve de la présence d'une frontière de non-retour. Nous le savons déjà : toute l'énergie qui n'est pas rayonnée pendant le voyage vers le trou noir est perdue à jamais après le début de la chute libre finale. Si on lance dans un trou noir une bombe dont le temps de combustion de la mèche est supérieur à la durée de la chute, nous ne verrons jamais l'explosion.

Un flot d'accrétion qui garde une partie importante de son énergie thermique est l'analogue d'une bombe à retardement. S'accumulant sur une étoile à neutrons, il sera plus brillant que s'il s'écoulait dans un trou noir. Il suffit donc d'identifier les systèmes dans lesquels le rayonnement d'énergie d'accrétion est peu efficace, pour tester l'hypothèse de présence d'un horizon d'événements.

C'est plus facile à dire qu'à faire. En principe, dans un flot d'accrétion, il reste toujours une certaine quantité d'énergie qui, n'ayant pas été rayonnée, soit se perdra dans le trou noir, soit, le cas échéant, sera finalement émise par la surface de l'étoile à neutrons. Dans ce dernier cas le rayonnement X devrait avoir une distribution en énergie (spectre d'énergie) très caractéristique que l'on pourrait rechercher dans les observations. Cela a été tenté, mais puisque, d'une part, les spectres X sont très complexes et bruités et, de l'autre, la qualité des modèles de rayonnement de flots d'accrétion laisse à désirer, les résultats sont trop ambigus pour permettre d'en tirer des conclusions définitives. Il faut chercher ailleurs.

Il faut trouver un véritable équivalent de la bombe à retardement décrite plus haut : un flot d'accrétion dans lequel juste une infime fraction de l'énergie est rayonnée avant l'arrivée à la surface (réelle ou non). Dans un tel flot d'accrétion l'énergie n'est pas rayonnée mais transportée par le mouvement du gaz. Le terme mathématique pour l'entraînement d'une quantité par le mouvement d'un fluide est *advection*. D'où le nom *flot d'accrétion dominé par l'advection* que j'ai donné aux flots d'accrétion qui rayonnent très peu. En ce qui suit, je vais utiliser le nom couramment utilisé d'ADAF, basé sur le sigle anglais, la version française FADA ayant des connotations que le Marseillais que je suis ne peut accepter. Un ADAF est donc un flot d'accrétion dans lequel le temps de refroidissement d'un élément de matière est beaucoup plus long que son temps de diffusion vers le centre. Les modèles d'ADAF ont été introduits en astrophysique par mes deux amis, l'astrophysicien polono-suédois Marek Abramowicz et Ramesh Narayan, et moi-même.

Comment reconnaître un ADAF, et quels sont les signes de sa présence dans un système ? On peut suspecter sa présence partout où on découvre un conflit entre la luminosité d'un objet (qui marche à l'accrétion, évidemment) et le taux (masse par unité de temps) de son alimentation en matière. Un exemple est fourni par le noyau de la belle galaxie Messier 106[7], dans lequel se trouve un trou noir supermassif (de 36 millions de fois la masse solaire). On

---

7. Cette belle galaxie spirale porte aussi le nom de NGC 4258.

peut estimer le taux d'accrétion et, en supposant que toute la puissance, libérée avec un rendement d'environ 10 %, est rayonnée dans l'espace, on obtient une luminosité mille à dix mille fois supérieure à celle observée. Clairement, le gros de l'énergie libérée disparaît quelque part sans être rayonnée, mais puisque tout cela se passe près d'un trou noir, ce « quelque part » ne peut être que cet astre.

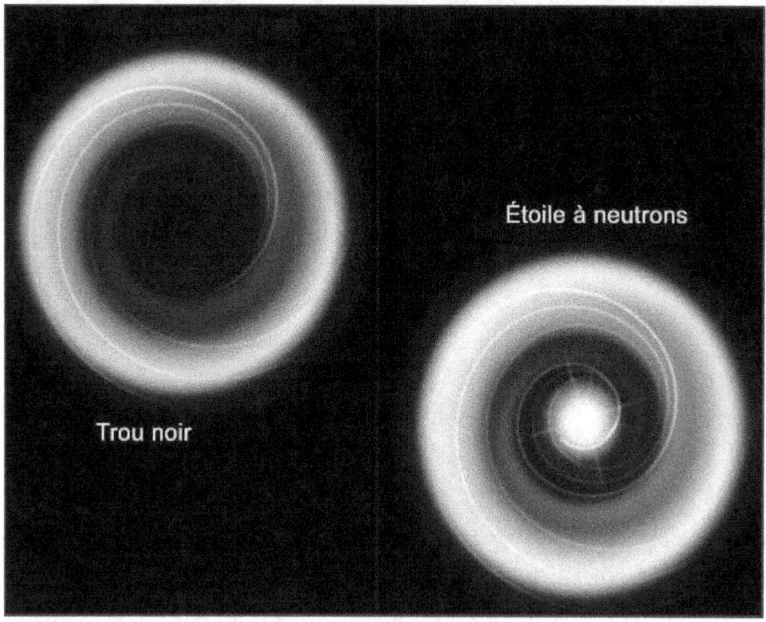

Figure 11 : Schéma (vue d'artiste) de la différence entre accrétion sur un trou noir (à gauche) et sur une étoile à neutrons (à droite) – On suppose dans les deux cas que, dans ses parties internes, le flot d'accrétion forme un ADAF. Le trou noir absorbe la majorité de l'énergie non rayonnée par le flot, tandis que dans le cas d'une étoile à neutrons elle est émise par la surface. (NASA/CXC/M. Weiss.)

On trouve d'autres noyaux de galaxie (y compris celui de la nôtre) où on déduit par le même argument que l'accrétion se fait sous forme d'ADAF. Cependant, il serait plus convaincant de tester la présence des ADAF en comparant des flots d'accrétion s'écoulant sur des trous noirs, d'une part, et, de l'autre, sur des objets avec surface. Pour le même taux d'accrétion, ces derniers devraient être plus brillants que les premiers, grâce à l'émission de la matière arrêtée à la surface.

C'est exactement ce qu'on trouve quand on observe les sources transitoires X dans l'état bas, en quiescence. En comparant les (faibles) luminosités des binaires à trou noir à celles des binaires à étoiles à neutrons, on trouve que pour des taux d'accrétion similaires, ces dernières sont beaucoup plus brillantes. Si ce n'est pas une preuve « ultime » de l'existence des trous noirs (l'argument dépend, malgré tout, du modèle du flot d'accrétion), c'est quand même un argument très fort en faveur de la présence d'un horizon d'événement en place de la surface de l'astre compact.

Les trous noirs calmes

La majorité des trous noirs absorbent peu ou n'absorbent rien du tout. « Rien du tout » dans le sens que l'accrétion n'est pas détectable ; un trou noir avale toujours quelques broutilles, mais sans effet notable. Par conséquent, on recherche les signes de présence des trous noirs en étudiant les mouvements des étoiles les plus proches du centre de la galaxie. Si un trou noir y est présent, ces mouvements sont déterminés par la gravitation de celui-ci, et par là même, nous donnent la valeur de sa masse.

Même dans le cas des noyaux calmes ou peu actifs il n'est pas possible de déterminer les vitesses des étoiles individuelles, mais l'effet de leur mouvement décale leurs raies spectrales par l'effet Doppler-Fizeau. C'est donc la largeur des raies émises par l'*ensemble* de l'essaim des étoiles dans le centre d'une galaxie qui reflète la gamme de leurs

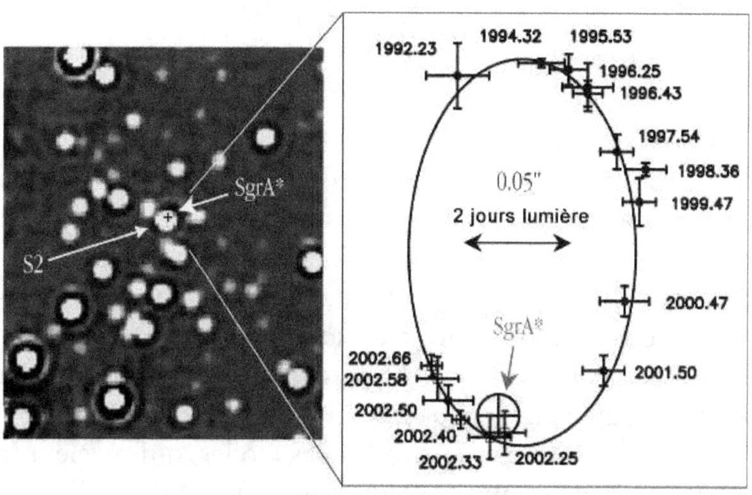

Figure 12 : Les étoiles autour du centre de la Galaxie (croix marquée SgrA*) – À gauche : image prise avec l'instrument NAOS-CONICA (NACO) au VLT (Very Large Telescope [très grand télescope]) de l'Observatoire européen austral au Chili. Le panneau de droite montre l'orbite de l'étoile S2, observée de 1992 à 2002.

vitesses et donc, moyennant quelques suppositions sur la distribution des orbites, détermine la masse du trou noir. Cependant la sphère dans laquelle les mouvements des étoiles sont déterminés uniquement par le trou noir et non par les autres corps de la galaxie, la « sphère d'influence », est très petite. Son rayon est typiquement inférieur à quelques dizaines d'années-lumière, ce qui veut dire que, même pour les galaxies les plus proches, la taille sur le ciel (*taille angulaire*) de la sphère d'influence n'est que de l'ordre d'une seconde d'arc. Il faut donc séparer le spectre de cette petite sphère de celui des parties plus extérieures. C'est possible avec le télescope spatial Hubble, grâce auquel on a déterminé les masses des trous noirs dans les centres de plus de 25 galaxies. Les valeurs de ces masses s'étalent entre 2 millions et 3 milliards de fois la masse solaire.

Le centre de la Galaxie

Parce qu'il est proche (28 000 années-lumière), le trou noir supermassif qui se trouve au centre de notre Galaxie (identique avec une source radio appelée Sagittaire A*) est un cas particulier. Ce trou noir est entouré d'un amas d'étoiles, dont les mouvements sont visibles grâce aux techniques d'observation (dites d'optique adaptative) qui corrigent les déformations des images causées par passage de la lumière à travers l'atmosphère[8]. Une fois le flou des images corrigé, on peut tracer les orbites des étoiles, qui révèlent la présence d'un centre d'attraction gravitationnelle de 3,7 millions de fois la masse solaire. Le cas le plus spectaculaire est celui de l'étoile appelée S2, qui tourne autour du trou noir sur une orbite allongée, dont la période est d'environ seize ans. La distance de son péricentre, c'est-à-dire du point de son orbite le plus proche du centre d'attraction, est égale à environ 0,002 année-lumière, soit environ 127 fois la distance Terre-Soleil : autrement dit, une distance de 1 790 rayons de Schwarzschild. Cela laisse si peu de place pour le centre d'attraction qu'il ne peut être qu'un trou noir.

Dans un avenir pas si lointain, on pourra peut-être le voir.

---

8. L'optique adaptative est une grande spécialité française : c'est grâce au système NAOS, de conception et fabrication françaises, installé au VLT (Very Large Telescope [très grand télescope]) de l'Observatoire européen austral (ESO) au Chili, que l'on peut étudier en détail les étoiles du Centre galactique.

Voir les trous noirs

Comment voir un objet qui n'émet et ne reflète rien ? En principe, on devrait distinguer sa silhouette (et non pas son ombre, comme on le dit parfois[9]) sur un fond lumineux. Il faut donc qu'il soit suffisamment grand et que le fond soit brillant et de préférence uniforme, pour que la silhouette noire s'y dégage clairement et qu'il n'y ait pas de premier plan.

En ce qui concerne la taille, puisque dans le cas d'un trou noir celle-ci dépend de sa masse, il nous faut un trou noir supermassif. Les trous noirs les plus massifs (10 milliards de fois la masse solaire), donc les plus grands, ont un diamètre d'environ 60 milliards de kilomètres seulement, ce qui n'est pas très grand si l'on considère que de tels objets logent dans les centres (noyaux) de galaxies éloignées de nous au moins de quelques dizaines de millions d'années-lumière. La taille du disque sombre d'un trou noir supermassif dans le centre d'une galaxie de l'amas de la Vierge équivaut à celle d'une pièce de 1 € placée à une distance de quelques centaines de milliers de kilomètres. Voir la silhouette d'un trou noir est donc un énorme défi, mais depuis quelques années on pense que cela sera possible dans un avenir pas trop lointain.

Il faudra atteindre une résolution, c'est-à-dire l'aptitude à mesurer l'étendue d'une source de rayonnement, très supérieure à celles des meilleurs télescopes spatiaux présents. Les instruments capables de détecter la silhouette des trous noirs supermassifs les plus proches devront être

---

9. Je le disais moi-même, avant que, pendant un de mes cours grand public, quelqu'un me fasse la remarque, que les trous noirs ne projettent pas d'ombre.

au moins 10 000 fois plus performants. De telles résolutions ne sont possibles qu'avec la technique d'interférométrie qui consiste à recombiner les faisceaux lumineux provenant d'un réseau de plusieurs télescopes. Divers types d'instruments sont à l'étude. D'une part, on pense utiliser les ondes radio dans le domaine submillimétrique et millimétrique, de l'autre, on considère les observations dans le domaine des rayons X. L'interférométrie radio existe depuis longtemps et apporte de nombreux résultats, il s'agira donc d'améliorer une technique d'observation bien connue. Dans le cas de l'interférométrie en rayons X les choses sont différentes : celle-ci n'existe pas encore et il s'agit là d'un vrai défi conceptuel et technologique.

Trous noirs et ondes gravitationnelles

Que font deux trous noirs quand ils se rencontrent ? La même chose que les autres corps célestes. Si les vitesses et les distances le permettent, ils forment un couple : un trou noir double. Comme tout système binaire, celui composé de trous noirs émet des *ondes gravitationnelles*. L'existence du *rayonnement gravitationnel* – de déformations de la gravitation, qui à l'instar d'ondes électromagnétiques se propagent à la vitesse de la lumière – est une prédiction de la théorie de la relativité générale d'Einstein, qui a été confirmé par les observations des pulsars radio dans des systèmes binaires. La découverte du premier système double dans lequel on a pu détecter l'effet d'émission d'ondes gravitationnelles a valu aux astronomes américains Joseph Taylor et Russel Hulse le prix Nobel de physique en 1993.

Les ondes gravitationnelles émises par un système binaire emportent avec elles de l'énergie de rotation orbitale, ce qui rétrécit l'orbite et augmente la fréquence de rotation. Les pulsars radio, étoiles à neutrons magnétisées, en rotation rapide, sont des horloges extrêmement exactes et stables. L'observation pendant trente ans du pulsar de Taylor et Hulse, B1913+16 (dont la période orbitale est de 7,75 heures), a permis de conclure que le raccourcissement de sa période orbitale obéit exactement à la prédiction de la relativité générale. L'existence d'ondes gravitationnelles ne fait donc aucun doute. Il reste toujours à les détecter directement. Bientôt, dans six à sept ans, l'antenne gravitationnelle franco-italienne Virgo à Cascina, près de Pise, et ses deux compagnons américains qui, localisés en Louisiane et dans l'État de Washington, forment le détecteur LIGO, seront capables d'observer les phases finales de la contraction d'orbite des trous noirs (et étoiles à neutrons) binaires ayant lieu à des centaines de millions d'années-lumière. De tels événements sont très rares, donc pour les détecter il faut sonder le volume le plus grand possible.

C'est justement cette phase finale, la *coalescence* dans laquelle les deux trous noirs finiront par n'en former qu'un, qui nous intéresse le plus, car le signal transmis par les ondes gravitationnelles aura alors une signature unique, propre aux trous noirs. Rien ne peut ressembler aux déformations de courbure d'espace-temps qui, produites par la rencontre de deux surfaces imaginaires et pourtant bien réelles, se propagent à la vitesse de la lumière.

Il reste à savoir si les trous noirs binaires existent. On n'en a pas observé, ce qui n'est pas surprenant, vu que ce sont des systèmes purement gravitationnels, observables uniquement en ondes gravitationnelles. Ils devraient se former dans des amas d'étoiles, pour en être ensuite éjectés.

Plus tard, nous pourrons observer les coalescences de trous noirs supermassifs, qui ont lieu suite à des collisions de galaxies. Les fréquences des ondes gravitationnelles émises pendant ce processus, trop basses pour pouvoir être observées du sol, seront observées de l'espace par le réseau de détecteurs LISA.

Ce même observatoire spatial d'ondes gravitationnelles fournira aussi d'autres informations très précises sur la structure des objets compacts dans les centres de galaxies que nous croyons être des trous noirs. Par exemple, un objet compact (trou noir de masse stellaire, étoile à neutrons ou naine blanche) capturé en orbite par un trou noir supermassif (ce qui doit arriver de temps en temps) provoquera des vibrations de celui-ci, qui se propageront sous forme d'ondes gravitationnelles. Or un trou noir a une structure très simple, déterminée uniquement par sa masse et son moment angulaire. Ce qui n'est pas le cas de corps composés de matière (« normale » ou non). Cette différence de structure sera visible dans la forme des ondes gravitationnelles générées par l'objet compact en orbite. On pourra ainsi vérifier si l'astre compact supermassif est vraiment un trou noir.

Dans une dizaine ou une quinzaine d'années s'ouvrira (si tout va bien) une nouvelle ère dans l'exploration de l'Univers : celle de l'astronomie en ondes gravitationnelles. Les trous noirs seront, évidemment, le sujet de prédilection de ce nouveau domaine de recherche. Les trous noirs ont un avenir brillant : la vraie astronomie des trous noirs est encore devant nous.

GLOSSAIRE

Accélération : taux auquel la vitesse d'un objet se modifie au cours du temps, soit en direction, soit en valeur.

Accrétion : capture de la matière par un corps céleste sous l'effet de la gravitation.

Année-lumière : unité de distance correspondant à la distance parcourue en un an par la lumière ou tout autre rayonnement électromagnétique.

Antimatière : matière qui a les mêmes propriétés gravitationnelles que la matière ordinaire mais une charge électrique opposée.

Binaires X : systèmes de deux corps célestes liés par leur gravitation mutuelle, dont un est compact – une étoile à neutrons ou un trou noir.

Big Bang : modèle de l'Univers d'après lequel l'expansion de l'Univers aurait commencé dans un état d'énormes énergies et densités.

Champ : objet mathématique décrivant une interaction physique associée à tout point de l'espace-temps (champ électromagnétique, champ gravitationnel).

Chute libre : mouvement d'un corps soumis à la seule accélération de la gravitation.

Contraction des distances : en relativité, diminution des longueurs mesurées par un observateur en mouvement.

Espace courbe : espace dans lequel la somme des angles d'un triangle n'est pas égale à 2π.

Décalage spectral : différence entre la fréquence d'un photon à l'endroit de son émission et sa fréquence observée dans un détecteur. La fréquence des photons qui se propagent contre la gravitation est décalée vers les basses fréquences – vers le « rouge ».

Dilatation du temps : en relativité, augmentation de la durée mesurée par un observateur en mouvement.

Électromagnétiques (interaction, force) : interaction qui est à la base de tous les phénomènes électrique, magnétique, optique et chimique.

Électron : particule élémentaire portant une charge électrique négative, qui est l'un des constituants des atomes.

Énergie de masse : *voir* **Masse au repos.**

Espace de Minkowski : espace-temps de la relativité restreinte. Dans cet espace à quatre dimensions, les distances le long des rayons lumineux sont nulles.

Espace-temps : milieu mathématique décrivant le « tissu » de l'Univers composé d'événements.

Étoile à neutrons : très petite étoile composée principalement de neutrons. Sa densité centrale est supérieure à celle du noyau atomique. Elle représente l'ultime étape d'évolution de certaines étoiles massives.

Galaxie : ensemble d'étoiles, de gaz et de poussière dont la cohésion est assurée par la gravitation.

Gravitation : interaction (force) attractive de longue portée qui concerne tous les corps.

Horizon d'événements : dans l'espace-temps, surface tissée par des trajectoires de la lumière au-delà de laquelle se trouvent les événements inaccessibles à un observateur (ou à un ensemble d'observateurs). La surface d'un trou noir est un horizon d'événement.

Inertiel (repères ou de systèmes de référence) : en physique newtonienne et en relativité restreinte, système en mouvement linéaire uniforme.

Instable : état d'équilibre physique détruit par une très faible perturbation.

Invariant : une grandeur qui se conserve dans une transformation mathématique.

Lois de Kepler : lois qui décrivent le mouvement des planètes du système solaire qui, étant des conséquences des lois de la gravitation universelle de Newton, s'appliquent à d'autres systèmes célestes, par exemple les systèmes d'étoiles binaires.

Masse au repos : masse invariante d'un corps (ou particule). Quand elle est non nulle, elle correspond à la masse mesurée dans un système au repos par rapport au corps (particule). Son équivalent en terme d'énergie ($E = mc^2$) est l'*énergie de masse*.

Masse inerte : mesure de la résistance d'un corps à l'accélération.

Masse pesante : la charge gravitationnelle d'un corps.

Naine blanche : petite étoile très dense qui est l'ultime étape d'évolution des étoiles peu massives.

Neutrino : particule élémentaire ne participant qu'à l'interaction faible (e. g. la désintégration β).

Neutron : constituant du noyau atomique dont la charge électrique est nulle.

Ondes gravitationnelles : modifications du champ de gravitation se propageant à la vitesse de la lumière.

Photon : particule de lumière et plus généralement de rayonnement électromagnétique. Sa masse invariante est nulle.

Physique newtonienne : lois qui décrivent les mouvements des corps quand leurs vitesses sont très petites par rapport à la vitesse de la lumière et la gravitation faible.

Physique quantique : lois qui décrivent le monde microscopique – celui de l'atome et des particules élémentaires. Leur accord avec l'expérience est remarquable.

Principe d'équivalence faible : postule l'égalité de la masse inerte et de la masse pesante.

Principe de Pauli (d'exclusion) : principe quantique interdisant à deux fermions (particules de spin demi-entier) d'occuper le même état quantique.

Proton : constituant du noyau atomique dont la charge électrique est positive.

Rayon de Schwarzschild : rayon d'un trou noir sphérique défini par l'aire de sa surface (de l'horizon).

Relativité restreinte (théorie de) : théorie d'Einstein de l'espace-temps en l'absence de gravitation.

Relativité générale (théorie de) : théorie d'Einstein d'après laquelle la gravitation est déterminée par la géométrie (courbe) de l'espace-temps.

Singularité de Schwarzschild : endroit à l'*intérieur* d'un trou noir de Schwarzschild où la courbure devient infinie.

Solution de Kerr : solution des équations d'Einstein qui représente un trou noir en rotation.

Solution de Schwarzschild : solution des équations d'Einstein qui représente un trou noir sphérique.

Supernova : explosion catastrophique d'une étoile d'origine gravitationnelle (types « II », « Ib » et « Ic ») ou thermonucléaire (type « Ia »). Le résultat de l'explosion d'une supernova gravitationnelle est une étoile à neutrons ou un trou noir.

Vitesse : quantité exprimée par le rapport d'une distance au temps mis à la parcourir.

Vitesse de la lumière : constante universelle – vitesse de propagation des particules de masse nulle.

INDEX

Abramowicz Marek : 172
accélération gravitationnelle : 60
accrétion : 151, 157
   – disque : 160
   – rendement : 157, 166
   – taux : 162
ADAF : 171-172
atome
   – excité : 69
   – ionisé : 69

Baade Walter : 132
Bekenstein Jacob : 117
Bell Jocelyn : 146
Big Bang : 148
Bolyai Janos : 74
Bose Satyendranath : 107
Broglie Louis de : 107

Carter Brandon : 97
Chadwick James : 132
Chandrasekhar Subrahmanyan : 127, 132
charge gravitationnelle : 60
chute libre : 15, 58, 61-64, 76, 84, 86, 91, 94, 100, 156, 160

Compton
   – effet : 111
   – longueur : 112
Compton Arthur : 111
Copernic Nicolas : 33
corps compact : 22
corps noir, rayonnement de : 125
cosmologique
   – rayonnement de fond : 118
cœur d'hélium : 142
Crabe, nébuleuse du : 146

David Robinson : 97
Doppler Christian : 137

Eddington
   – luminosité : 151
Eddington Arthur : 78
Einstein
   – ascenseur de : 61, 83
   – équations de : 81
Einstein Albert : 13, 35-36, 129
énergie
   – du mouvement : 140
   – gravitationnelle : 140
   – thermique : 139

entropie : 116
espace
    – pseudo-euclidien : 52
étoile
    – à neutrons : 55, 106, 139, 144-145, 147, 150, 165, 180
      – dégénérée : 127
      – massive : 143
expérience de pensée : 81, 158

Fermi Enrico : 107
Fizeau Hippolyte : 137
Flammarion Camille : 14
flot d'accrétion dominé par l'advection : 172
forces de marée : 66
Fort Bernard : 79

Galilée (Galileo Galilei) : 58
Gauss Carl Friedrich : 74
gaz
    – complètement dégénéré : 127
Giacconi Riccardo : 131
GPS : 24
gravitation : 139
    – universelle : 58
Gravity Probe B : 98

Harvard University : 71
Hawking
    – rayonnement : 120-121
Hawking Stephen : 113, 118, 121
Heisenberg
    – inégalité : 104
Hubble Edwin : 132, 137
Hubble, télescope spatial : 175
Hulse Russel : 178

indétermination
    – principe : 104, 119
inertiel, système : 29
Infeld Léopold : 129
Israel Werner : 97

Kepler Johannes : 33

Laplace Simon de : 21
Lobatchevski Nikolaï : 74
lumière : 13
Lune : 13, 66

masse
    – critique : 127
    – de Chandrasekhar : 134, 145
    – irréductible : 115
    – maximale : 127
    – pesante : 60
Mellier Yannick : 79
Messier 106 : 172
Minkowski Hermann : 51
Mitchell John : 21
moment angulaire : 180
Mont Wilson : 133

naine blanche : 127-128, 139, 180
Narayan Ramesh : 170, 172
neutrino : 146
neutronisation : 145
neutrons : 126
Newton Isaac : 14

objet compact : 139, 142
Oppenheimer Robert : 134
optiquement épaisses : 164
orbite : 15-17, 30, 39, 71, 86-87, 98-100

Penrose Roger : 110
Picat Jean-Pierre : 79
Planck
    – constante de : 104
    – longueur de : 117
Planck Max : 104
Pound Robert : 71
premières étoiles : 150
pression
    – de radiation : 149
    – thermique : 143

principe
- d'équivalence : 57
- de relativité : 57
pulsar : 146

quantique
- mécanique : 103, 105
- physique : 103, 117

réactions thermonucléaires : 141
Rebka Glen A. : 71
relativité
- générale : 24, 58, 67, 70, 81
- restreinte : 25
Riemann Bernhard : 74
Rosse Lord : 146

Salpeter Edwin : 135, 138
Schmidt Marteen : 136
Schwarzschild Karl : 81
Schwarzschild, solution de : 82
seconde loi de la thermodynamique :
    116
Shklovsky Joseph : 135
Snider Joseph L. : 71
Snyder Hartland : 130
Soucail Geneviève : 79
Stanford University : 98
Superman : 15, 123-124

supernova : 134, 144, 146-147, 168
- de Type Ia : 144
système binaire : 147

Taylor Joseph : 178
Terre : 66
Théorie de la relativité générale : 79
trou noir : 13, 16, 21-22, 139, 158
- binaire : 179
- coalescence : 179
- de masse intermédiaire : 150
- de masse stellaire : 147
- supermassif : 150

Univers, âge de l' : 120
Unruh William G. : 94

vide : 119
- polarisé : 120
vitesse
- de la lumière : 21, 158
- de la lumière dans le vide : 23
- de libération : 17, 140
Volkoff George : 134

Zeldovitch Iacov : 135, 138
Zwicky Fritz : 132

BIBLIOGRAPHIE

Cassé, M., *Les Trous noirs en pleine lumière*, Odile Jacob, 2009.

Einstein, A., *La Relativité*, Payot, 1990.

Einstein, A., Infeld, L., *L'Évolution des idées en physique*, Flammarion, 1993.

Feynman, R., *Leçons sur la physique*, Odile Jacob, 2007.

Greene, B., *L'Univers élégant*, Robert Laffont, 2000.

Hawking, S. W., *Une brève histoire du temps. Du Big Bang aux trous noirs*, J'ai lu, 2000.

Hawking, S. W., *L'Univers dans une coquille de noix*, Odile Jacob, 2001.

Hoffmann, B., *La Relativité, histoire d'une grande idée*, Belin-Pour la science, « Bibliothèque scientifique », 2000.

Kunth, D., *Les Quasars*, Flammarion, 1998.

Lasota, J.-P., « La chasse aux trous noirs », *Pour la science*, « L'ère Einstein », numéro spécial, décembre 2004, 326, p. 90.

Lasota, J.-P., « Unmasking black holes », *Scientific American*, 1999, vol. 280, n° 5, p. 30.

Lequeux, J., Acker, A., Bertout, C., Lasota, J.-P. *et al.*, *Étoiles et matière interstellaire*, Ellipses, 2009.

Luminet, J.-P., *Les Trous noirs*, Seuil, « Points Sciences », 1992.

Pais, A., *Albert Einstein, la vie et l'œuvre*, Interéditions, 1993.

Paul, J., *L'Homme qui courait après son étoile*, Odile Jacob, 1998.

Thorne, K., *Trous noirs et distorsions du temps. L'héritage sulfureux d'Einstein*, Flammarion, 2001.

Will, C., *Les Enfants d'Einstein*, Interéditions, 1988.

TABLE

Introduction 9

CHAPITRE PREMIER – Gravitation : attraction universelle ... 13

Chute et libération (14) – L'énergie et la gravitation (19) – Les trous obscurs (21).

CHAPITRE 2 – La relativité restreinte 27

Relativité du mouvement (27) – Systèmes inertiels (29) – Le principe de relativité (30) – Copernic avait-il raison ? (32). Le passage d'un système inertiel à un autre système inertiel : les transformations (34) – La révolution einsteinienne (36) – La lumière (38) – Le temps qui change (42) – L'espace rétrécissant (47) – L'espace-temps (50) – L'horizon (55).

CHAPITRE 3 – La gravitation relativiste 57

Le principe d'équivalence (57) – L'ascenseur d'Einstein (61) – Le principe d'équivalence fort et ultra-fort (63) – La vraie gravitation (64) – Le décalage vers le rouge (67) – Le ralentissement et l'arrêt des horloges (71) – L'espace-temps courbe (73) – Courbe, mais localement plat (76) – En présence de la gravitation, l'espace-temps est courbe (77) – Gravitation relativiste : la théorie de relativité générale (79).

CHAPITRE 4 – Les trous noirs 81

La solution de Schwarzschild (82) – Cartographie spatio-temporelle (83) – Le rayon de Schwarzschild (89) – La surface (90) – L'espace-temps qui s'effondre (91) – L'horizon et les trous noirs chauves (96) – Rotation d'un trou noir et de l'espace. Un trou dans l'Univers (97) – Les orbites circulaires (99).

CHAPITRE 5 – Trou normand : les trous noirs et les quanta ... 103

CHAPITRE 6 – Des trous noirs et des quanta 115

Les trous noirs ont-ils une température ? (115) – Le rayonnement de Hawking (118) – Information perdue (121) – Les étoiles à neutrons (125).

CHAPITRE 7 – L'origine des trous noirs 129

Les trous noirs entrent en astronomie (129) – Pulsars (132) – Quasars (135) – Évolution stellaire : la force du destin (139) – La vraie vie des étoiles (141) – Explosion finale : les supernovae et les étoiles à neutrons (144) – Les trous noirs de masse stellaire (147) – Premières étoiles, premiers trous noirs (148) – Les intermédiaires et les super (150).

CHAPITRE 8 – À la recherche de trous noirs 153

Puissance de la chute : l'accrétion (156) – Le rendement (157) – Les disques d'accrétion (160) – La puissance (162) – Le spectre (164) – Les binaires X (165) – Les masses (167) – Y a-t-il une surface ? (169) – Les ADAF (171) – Les trous noirs calmes (174) – Le centre de la Galaxie (176) – Voir les trous noirs (177) – Trous noirs et ondes gravitationnelles (178).

Glossaire 181

Index 185

Bibliographie 189

Ouvrage proposé par Michel Cassé

Imprimé par Lightning Source France
1 avenue Gutenberg
78310 Maurepas

N° d'édition : 7381-2008-Y

www.ingramcontent.com/pod-product-compliance
Lightning Source LLC
LaVergne TN
LVHW050601200726
843508LV00010B/1717